安全员岗位培训丛书

金属非金属矿山企业
安全员岗位培训教程

主　编：王红汉
副主编：张学海　赵丹力

中国劳动社会保障出版社

图书在版编目(CIP)数据

金属非金属矿山企业安全员岗位培训教程/王红汉主编. —北京：中国劳动社会保障出版社，2016

(安全员岗位培训丛书)

ISBN 978-7-5167-2652-5

Ⅰ. ①金… Ⅱ. ①王… Ⅲ. ①金属矿-矿山安全-安全管理-岗位培训-教材②非金属矿-矿山安全-安全管理-岗位培训-教材 Ⅳ. ①TD7

中国版本图书馆CIP数据核字(2016)第210320号

中国劳动社会保障出版社出版发行

(北京市惠新东街1号 邮政编码：100029)

*

北京市艺辉印刷有限公司印刷装订 新华书店经销

880毫米×1230毫米 32开本 10.5印张 228千字

2016年9月第1版 2016年9月第1次印刷

定价：25.00元

读者服务部电话：(010) 64929211/64921644/84626437

营销部电话：(010) 64961894

出版社网址：http://www.class.com.cn

内 容 简 介

本书介绍了金属非金属矿山安全生产有关知识，包括安全生产法律法规，矿山安全生产管理，安全基础知识，露天矿山开采安全，地下矿山开采安全，爆破器材库、尾矿库安全，矿山职业卫生，矿山事故应急救援八章。

本书结合金属非金属矿山开采的实际情况，针对矿山安全生产的重点部位和关键环节进行重点叙述，内容简明扼要、通俗易懂，并配有丰富的插图。本书可作为金属非金属矿山企业安全员安全生产教育培训使用，也可供从事金属非金属矿山开采企业的其他管理人员参考、使用。

本书由王红汉主编，张学海、赵丹力副主编，李敬、乐有帮、杨卫辉、余青、蔡夏林、汪涛、周立强、郭庆光、邱志顺、孙德平参与编写。

前　言

安全员作为企业基层的安全生产管理人员，肩负着企业安全生产的重任，安全员的工作能力与水平，直接关系到企业的安全生产水平。所以，安全员应该具备敏锐的安全意识和丰富的安全生产知识，在工作中能够辨识危险源，分析危险、有害因素，及时向领导反映，提出整改意见和措施，把事故扼杀在萌芽状态，确保企业的生产安全和职工的生命健康。

安全员的工作能力不仅要在平时的工作实践中获得，更重要的是要系统地进行理论学习，掌握新的安全技术和方法，不断地把理论应用于实践，用学到的知识指导日常工作，才能使安全管理工作系统化、全面化，不会遗留安全隐患和死角。“安全员岗位培训丛书”正是从这个角度出发，全面、系统地讲述了行业安全生产的特点，安全员需要掌握的相关法律、法规、制度、标准和特定企业的生产技术，以及职业健康和应急救援知识，是为企业安全员量身定做的一套培训和学习图书，适合于安全员岗位培训和日常工作参考。此套丛书具有如下特点：

1. 权威性。此套丛书的作者均为安全生产领域资深的专家、学者，在安全生产理论研究领域有所建树，又常深入企业生产一线进行安全生产工作指导，熟悉企业的生产特点。

2. 实用性。此套丛书不仅讲述了企业安全员应该掌握的基本知识，还穿插列举了一些真实案例，并给予恰当的点评，对安全员具有实际指导意义。

3. 专业性。此套丛书除设置一本企业安全员通用的教材之外，其他均按行业编写，突出行业特色，更具有针对性。

目　　录

第一章 安全生产法律法规

第一节 安全生产方针

2014 年修订的《中华人民共和国安全生产法》规定：安全生产工作应当以人为本，坚持安全发展，坚持“安全第一、预防为主、综合治理”的方针。这一方针反映了党和国家对安全生产规律的新认识，对于指导新时期安全生产工作具有重大而深远的意义。

在法律上确立“安全第一、预防为主、综合治理”的方针，就是要在所有的生产经营活动中将安全放在第一位，高度重视安全生产，采取一切措施保障安全，防止一切可能发生的事故，生产必须安全，安全是生产的先决条件。执行这一方针，是一项法定的义务、法定的责任，是在法律面前必须严肃对待的大事，是要依法坚持的长期方针、基本方针。

(1) “安全第一”，就是在生产经营活动中，要始终把安全放在首要位置，优先考虑从业人员和其他人员的人身安全，实行“安全优先”的原则。在确保安全的前提下，努力实现生产的其他目标。

（2）“预防为主”，就是按照系统化、科学化的管理思想，按照事故发生的规律和特点，千方百计地预防事故的发生，做到防患于未然，将事故消灭在萌芽状态。虽然人类在生产活动中还不可能完全杜绝事故的发生，但只要思想上重视，预防措施得当，事故是可以大大减少的。

（3）“综合治理”，就是要标本兼治，重在治本。在采取措施遏制重特大事故、实现指标的同时，积极探索和实施治本之策，综合运用科技、法律、经济等手段以及必要的行政手段，从发展规划、行业管理、安全投入、科技进步、经济政策、教育培训、安全立法、激励约束、企业管理、监测体制、社会监督以及追究责任等方面着手，解决影响制约我国安全生产的历史性、深层次问题，做到思想认识上警钟长鸣，制度保障上严密有效，技术支撑上坚强有力，监督检查上严格细致，事故处理上严肃认真。

第二节　法的基本概念和我国安全生产法律体系基本框架

、法的概念

法的概念有广义与狭义之分。广义的法指国家按照统治阶级的利益和意志指定或者认可，以权利和义务为其内容，并由国家强制力保证其实施的行为规范的总和。狭义的法是指具体的法律规范，包括宪法、法令、法律、行政法规、地方性法规、行政规章、判例、习惯法等各种成文法和不成文法。成文法是指一定的国家机关依照一定程序制定的、以规范性文件的形式表现出来的法，这些法具有直接的法律效力。我国法的形式以成文法为主。

二、社会主义法治的基本内容

为了有效地保障社会主义民主和加强社会主义法治，中共十一届三中全会提出，必须做到“有法可依、有法必依、执法必严、违法必究”。有法可依是确立和实现社会主义法治的前提；有法必依是社会主义法治的中心环节；执法必严和违法必究是社会主义法治的切实保证。这是对社会主义法治的精辟概括，其核心是依法办事。

三、我国安全生产法律体系基本框架

按照法律地位和法律效力的层级划分，我国的安全生产法律体系包括宪法、法律、行政法规、地方性法规、行政规章及法定安全生产标准。

1. 宪法

宪法是国家的根本法。宪法所规定的是国家生活中最根本、最重要的原则和制度，因此宪法成为立法机关进行立法活动的法律基础，所以宪法又被称为“母法”“最高法”。我国宪法规定了中华人民共和国的根本政治制度、经济制度、国家机关和公民的基本权利和义务，具有最高的法律地位和法律效力，是制定普通法的依据，普通法的内容不应与宪法的内容相抵触。

2. 法律

法律特指由享有立法权的国家机关依照一定的立法程序制定和颁布的规范性文件。在我国，只有全国人民代表大会及其常务委员会才有权制定和修订法律。法律的地位和效力次于宪法，高于行政法规、地方性法规和行政规章。

我国现行的有关矿山安全生产的法律有《中华人民共和国安全

生产法》《中华人民共和国职业病防治法》《中华人民共和国消防法》《中华人民共和国道路交通安全法》《中华人民共和国海上交通安全法》《中华人民共和国劳动法》《中华人民共和国矿山安全法》《中华人民共和国矿产资源法》《中华人民共和国特种设备安全法》《中华人民共和国突发事件应对法》等。

3. 行政法规

行政法规专指最高国家行政机关即国务院制定的规范性文件，其名称通常为条例、规定、办法、决定等。行政法规的法律地位和法律效力次于宪法和法律，但高于地方性法规、行政规章。

行政法规通常以国务院令的形式颁布，国家现有的安全生产相关行政法规有《安全生产许可证条例》《危险化学品安全管理条例》《特种设备安全监察条例》《工伤保险条例》《建设工程安全生产管理条例》等。

4. 地方性法规

地方性法规是指地方政府权力机关依照法定职权和程序制定和颁布的、施行于本行政区域的规范性文件。地方性法规的法律地位和法律效力低于宪法、法律、行政法规。

5. 行政规章

行政规章是指国家行政机关依照行政职权所制定、发布的针对某一类事件、行为或者某一类人员的行政管理的规范性文件。行政规章分为部门规章和地方政府规章两种。

部门规章是指国务院的部、委员会和直属机构依照法律、行政法规或者国务院的授权制定的在全国范围内实施行政管理的规范性文件。最具代表性的安全生产部门规章是国家安全生产监督管理总局发布的令，如《工贸企业有限空间作业安全管理与监督暂行规定》《非煤矿山外包工程安全管理暂行办法》《非煤矿山企业安全生产十条规定》等。

地方政府规章是指有地方性法规制定权的地方人民政府依照法律、行政法规、地方性法规或者本级人民代表大会或其常务委员会授权制定的在本行政区域实施行政管理的规范性文件。地方政府安全生产规章是最低层级的安全生产立法。

6. 法定安全生产标准

目前，我国虽没有将技术法规纳入法律体系的范畴，但国家制定的许多安全生产相关法律法规已将安全生产标准作为生产经营单位必须执行的技术规范而载入法律。安全生产标准一旦成为法律规定必须执行的技术规范，它就具有了法律上的地位和效力。执行安全生产标准是生产经营单位的法定义务，违反法定安全生产标准的要求，同样要承担法律责任。

法定安全生产标准主要是指强制性安全生产标准，分为国家标准和行业标准两种。安全生产国家标准是指国家标准化行政主管部门依照《中华人民共和国标准化法》制定的在全国范围内适用的安全生产技术规范，如《金属非金属矿山安全规程》（GB 16423—2006）、《爆破安全规程》（GB 6722—2014）等；安全生产行业标准是指国务院有关部门或直属机构依照《中华人民共和国标准化法》制定的在安全生产领域内适用的安全生产技术规范，如《金属非金属矿山安全标准化规范导则》（AQ 2007.1—2006）、《尾矿库安全技术规程》（AQ 2006—2005）等。安全生产行业标准对同一安全生产事项的技术要求，可以高于安全生产国家标准，但不得与其相抵触。

第三节　安全生产相关法律

一、中华人民共和国安全生产法

《中华人民共和国安全生产法》（以下简称《安全生产法》）由第九届全国人民代表大会常务委员会第二十八次会议于2002年6月29日审议通过，并于2002年11与1日起施行。《安全生产法》根据2009年8月27日第十一届全国人民代表大会常务委员会第十次会议《关于修改部分法律的决定》第一次修正；根据2014年8月31日第十二届全国人民代表大会常务委员会第十次会议《关于修改〈中华人民共和国安全生产法〉的决定》第二次修正，于2014年12月1日起实施。《安全生产法》是我国第一部全面规范安全生产的专门法律，是我国安全生产法律体系中的基本法律，《安全生产法》的发布实施，使我国安全生产走向了法治的道路。

二、中华人民共和国矿山安全法

《中华人民共和国矿山安全法》（以下简称《矿山安全法》）于1992年11月7日第七届全国人大常委会第二十八次会议审议通过，自1993年5月1日起施行，根据2009年8月27日第十一届全国人民代表大会常务委员会第十次会议《全国人民代表大会常务委员会关于修改部分法律的决定》修正。《矿山安全法》的立法目的是保障矿山生产安全，防止矿山事故，保护矿山职工人身安全，促进采矿业的发展。凡是在中华人民共和国领域和管辖的其他海域从事矿产资源开采活动的公民、法人或者其他组织，均应遵守《矿山安全法》的规定。

《矿山安全法》的主要内容包括：

（1）对于矿山建设的安全保障的规定。

（2）对于矿山开采的安全保障的规定。

（3）对于矿山企业的安全管理的规定。

（4）对于矿山安全的监督和管理的规定。

（5）对于矿山事故处理的规定。

（6）对于法律责任的规定。

三、中华人民共和国职业病防治法

《中华人民共和国职业病防治法》（以下简称《职业病防治法》）经2001年10月27日第九届全国人大常委会第二十四次会议通过，自2002年5月1日起施行；根据2011年12月31日第十一届全国人大常委会第二十四次会议《关于修改〈中华人民共和国职业病防治法〉的决定》修正，自2011年12月31日起施行。该法确立了职业病防治法律制度，为职业病防治提供了法律保障。

四、中华人民共和国特种设备安全法

《中华人民共和国特种设备安全法》（以下简称《特种设备安全法》）由中华人民共和国第十二届全国人民代表大会常务委员会第三次会议于2013年6月29日通过，2013年6月29日中华人民共和国主席令第4号公布，自2014年1月1日起施行。《特种设备安全法》分总则，生产、经营、使用，检验、检测，监督管理，事故应急救援与调查处理，法律责任，附则共7章101条。

五、中华人民共和国消防法

《中华人民共和国消防法》（以下简称《消防法》）于1998年4月29日第九届全国人大常委会第二次会议审议通过，自1998年9月1日起施行。2008年10月28日第十一届全国人民代表大会常务委员会第五次会议对《消防法》做了修订，自2009年5月1日起施行。

六、中华人民共和国劳动法

1994年7月5日第八届全国人民代表大会常务委员会第八次会议通过《中华人民共和国劳动法》（以下简称《劳动法》），自1995年1月1日起施行。根据2009年8月27日第十一届全国人民代表大会常务委员会第十次会议通过的《全国人民代表大会常务委员会关于修改部分法律的决定》修正，自公布之日起施行。

《劳动法》的立法目的是保护劳动者的合法权益，调整劳动关系，建立和维护适应社会主义市场经济的劳动制度，促进经济发展和社会进步。在中华人民共和国境内的用人单位和与之形成劳动关系的劳动者，适用《劳动法》。

七、中华人民共和国刑法

《中华人民共和国刑法》（以下简称《刑法》）由1979年7月1日第五届全国人民代表大会第二次会议通过，1979年7月6日全国人民代表大会常务委员会委员长令第五号公布，自1980年1月1日起施行。1997年至2015年，全国人民代表大会常务委员会先后十次通过了《中华人民共和国刑法修正案》，对有关安全生产犯罪的条文做了重要修改和补充。全国人大常委会修改《刑法》关于安全生产犯罪的规定，充分体现了党和国家加强安全生产法制、严惩安全生产犯罪的决心。

第四节　安全生产相关法规

一、安全生产许可证条例

《安全生产许可证条例》于2004年1月13日由国务院公布，自公布之日起施行，于2014年7月29日进行修订。《安全生产许可证条例》是我国第一部对金属非金属矿山企业、煤矿企业等高危生产企业实施安全生产行政许可的行政法规。通过确立安全生产许可制度，严格规范安全生产条件，提高安全生产准入门槛，进一步加大安全生产监督管理力度，防止和减少生产安全事故，填补了我国安全生产法律制度的一项空白。

《非煤矿矿山企业安全生产许可证实施办法》（国家安全生产监督管理总局令第20号，并根据2015年5月26日国家安全生产监督管理总局令第78号修改）规定，金属非金属矿山企业及其尾矿库必须依照本实施办法的规定取得安全生产许可证。未取得安全生产许可证的，不得从事生产活动。该实施办法对非煤矿山企业申请安全生产许可证应当具备的条件、应当提交的文件、资料以及安全生产许可证申请的审核、颁发、延期和变更等环节做出了明确规定。

二、工伤保险条例

《工伤保险条例》于2003年4月27日由国务院令第375号公布，自2004年1月1日起施行；2010年12月20日由国务院令第586号对《工伤保险条例》进行修订，自2011年1月1日起施行。《工伤保险条例》的立法目的是保障因工作遭受事故伤害或者患职业病的职工获得医疗救治和经济补偿，促进工伤预防和职业康复，分散用人单位的工伤风险。该条例对工伤保险补偿做出了明确的法律规定，条例的实施，对于工伤员工的及时救治和经济补偿，保障工伤职工的合法权益，分散用人单位的工伤风险具有积极作用。

该条例的主要内容包括：工伤保险费的缴纳，工伤认定，劳动能力鉴定，工伤保险待遇。依据《工伤保险条例》第十条的规定，用人单位应当按时缴纳工伤保险费，职工个人不缴纳工伤保险费。依据《工伤保险条例》第二十一条的规定，职工发生工伤，经治疗伤情相对稳定后存在残疾、影响劳动能力的，应当进行劳动能力鉴定。依据《工伤保险条例》第三十条的规定，职工因工作遭受事故伤害或者患职业病进行治疗，享受工伤医疗待遇。

三、生产安全事故报告和调查处理条例

2007 年 3 月 28 日国务院第 172 次常务会议通过《生产安全事故报告和调查处理条例》，于 2007 年 4 月 9 日由国务院 493 号令公布，自 2007 年 6 月 1 日起施行。

四、民用爆炸物品安全管理条例

2006 年 5 月 10 日，国务院 466 号令公布了《民用爆炸物品安全管理条例》，经 2014 年 7 月 29 日国务院第 54 次常务会议《国务院关于修改部分行政法规的决定》修正。

第五节　安全生产相关部门规章

一、建设项目安全设施“三同时”监督管理办法

《建设项目安全设施“三同时”监督管理暂行办法》于 2010 年 12 月 14 日以国家安全生产监督管理总局令第 36 号公布，自 2011 年 2 月 1 日起施行，根据 2015 年 4 月 2 日国家安全生产监督管理总局令第 77 号修改为《建设项目安全设施“三同时”监督管理办法》，自 2015 年 5 月 1 日起施行。该办法的目的是加强建设项目安全管理，预防和减少生产安全事故，保障从业人员生命和财产安全。根据该办法，非煤矿山建设项目应遵守下列规定：

（1）非煤矿矿山建设项目应当进行安全预评价。

（2）生产经营单位在非煤矿山建设项目初步设计时，应当委托有相应资质的初步设计单位对建设项目安全设施同时进行设计，编制安全设施设计，并向安全生产监督管理部门提出审查申请。

（3）非煤矿山建设项目安全设施竣工或者试运行完成后，生产经营单位应当委托具有相应资质的安全评价机构对安全设施进行验收评价。

（4）非煤矿山建设项目竣工投入生产或者使用前，生产经营单位应当组织对安全设施进行竣工验收，并形成书面报告备查。

（5）安全设施竣工验收合格后，方可投入生产和使用。

二、非煤矿山外包工程安全管理暂行办法

为加强非煤矿山外包工程的安全管理和监督，明确安全生产责任，防止和减少生产安全事故，国家安全生产监督管理总局于2013年8月23日公布了《非煤矿山外包工程安全管理暂行办法》（国家安全生产监督管理总局令第62号），自2013年10月1日起施行，并根据2015年5月26日国家安全生产监督管理总局令第78号修正。该暂行办法第三条规定：非煤矿山外包工程（以下简称外包工程）的安全生产，由发包单位负主体责任，承包单位对其施工现场的安全生产负责。

三、非煤矿山企业安全生产十条规定

《非煤矿山企业安全生产十条规定》已于2014年6月20日由国家安全生产监督管理总局令第67号公布，自公布之日起施行。该规定针对金属非金属地下矿山企业、金属非金属露天矿山企业、金属非金属尾矿库、陆上石油天然气开采企业和海上石油天然气开采企业，分别做出了十条规定。

1. 金属非金属地下矿山企业安全生产十条规定

(1) 必须证照齐全有效，安全生产管理机构健全或配备专职安全生产管理人员，安全生产责任制落实，外包工程安全管理到位。

(2) 必须确保矿领导下井带班，全员培训合格，“三项岗位人员”持证上岗。

(3) 必须按规定设置安全出口并保持畅通，严禁独头开采。

(4) 必须建立机械通风系统，局部通风管理安全可靠。

(5) 必须配齐自救器和便携式气体检测仪。

(6) 必须加强顶板管理和采空区监测、治理。

(7) 必须落实探放水制度，加强水害隐患治理。

(8) 必须确保提升、运输设备安全可靠，严禁使用国家明令淘汰和未经检测检验合格的设备、材料。

(9) 必须落实爆破器材库和爆破作业安全管理。

(10) 必须建立专（兼）职应急救援队伍，确保救援装备和物资配备及应急演练到位。

2. 金属非金属露天矿山企业安全生产十条规定

(1) 必须证照齐全有效，安全生产管理机构健全或配备专职安全生产管理人员，安全生产责任制落实，外包工程安全管理到位。

(2) 必须确保全员培训合格，“三项岗位人员”持证上岗。

(3) 必须确保相邻的采石场采矿许可范围之间最小距离大于300 m。

（4）必须按设计自上而下分台阶分层开采。

（5）必须落实爆破作业安全管理规定，未经批准的必须采用中深孔爆破。

（6）必须实行湿式凿岩作业。

（7）必须使用机械二次破碎和铲装作业。

（8）必须落实边坡安全措施。

（9）必须按设计排土，加强排土场管理。

（10）必须建立专（兼）职应急救援队伍，确保应急装备和物资配备及应急演练到位。

3．金属非金属尾矿库安全生产十条规定

（1）必须证照齐全有效，安全生产责任制落实，配备专（兼）职安全技术人员。

（2）必须确保全员培训合格，“三项岗位人员”持证上岗。

（3）必须按设计放矿、筑坝，确保坝体稳定性、安全超高、干滩长度、浸润线埋深符合要求。

（4）必须确保排洪、排渗设施设计规范、建设达标、运行可靠。

（5）必须建立监测监控系统并有效运行，落实定期巡查和值班值守制度。

（6）必须限期消除病库安全隐患，严禁危库、险库生产运行。

（7）必须加强“头顶库”安全管理。

（8）必须按设计及时闭库。

（9）必须加强闭库和回采安全管理。

（10）必须建立应急联动机制，确保应急装备和物资及应急演练到位。

四、企业安全生产风险公告六条规定

为了落实新修订的《安全生产法》对企业安全生产风险信息公开的要求，2014 年 12 月 10 日国家安全生产监督管理总局令第 70 号公布《企业安全生产风险公告六条规定》，对企业安全生产风险信息公开提出了明确要求，内容如下：

（1）必须在企业醒目位置设置公告栏，在存在安全生产风险的岗位设置告知卡，分别标明本企业、本岗位主要危险危害因素、后果、事故预防及应急措施、报告电话等内容。

（2）必须在重大危险源、存在严重职业病危害的场所设置明显标志，标明风险内容、危险程度、安全距离、防控办法、应急措施等内容。

（3）必须在有重大事故隐患和较大危险的场所和设施设备上设置明显标志，标明治理责任、期限及应急措施。

（4）必须在工作岗位标明安全操作要点。

（5）必须及时向员工公开安全生产行政处罚决定、执行情况和整改结果。

（6）必须及时更新安全生产风险公告内容，建立档案。

五、企业安全生产应急管理九条规定

《企业安全生产应急管理九条规定》于 2015 年 2 月 28 日国家安全生产监督管理总局令第 74 号公布，自公布之日起施行。主要内容由 9 个必须组成，从企业责任、机构人员、队伍装备、预案演练、培训考核、情况告知、停产撤人、事故报告、总结评估 9 个方面就进一步加强安全生产应急管理工作提出了具体要求。其主要内容如下：

（1）必须落实企业主要负责人是安全生产应急管理第一责任人的工作责任制，层层建立安全生产应急管理责任体系。

（2）必须依法设置安全生产应急管理机构，配备专职或者兼职安全生产应急管理人员，建立应急管理工作制度。

（3）必须建立专（兼）职应急救援队伍或与邻近专职救援队签订救援协议，配备必要的应急装备、物资，危险作业必须有专人监护。

（4）必须在风险评估的基础上，编制与当地政府及相关部门相衔接的应急预案，重点岗位制定应急处置卡，每年至少组织一次应急演练。

（5）必须开展从业人员岗位应急知识教育和自救互救、避险逃生技能培训，并定期组织考核。

（6）必须向从业人员告知作业岗位、场所危险因素和险情处置要点，高风险区域和重大危险源必须设立明显标识，并确保逃生通道畅通。

（7）必须落实从业人员在发现直接危及人身安全的紧急情况时停止作业，或在采取可能的应急措施后撤离作业场所的权利。

（8）必须在险情或事故发生后第一时间做好先期处置，及时采取隔离和疏散措施，并按规定立即如实向当地政府及有关部门报告。

（9）必须每年对应急投入、应急准备、应急处置与救援等工作进行总结评估。

六、用人单位职业病危害防治八条规定

《用人单位职业病危害防治八条规定》于 2015 年 3 月 24 日以国家安全生产监督管理总局令第 76 号公布实施。该规定围绕责任制、

工作场所、防护设施、防护用品、警示告知、定期检测、培训教育、健康监护 8 个方面，将职业病防治法规标准中对用人单位职业病危害防治要求的核心内容归纳提炼为“八个必须、八个严禁”。其主要内容如下：

（1）必须建立健全职业病危害防治责任制，严禁责任不落实违法违规生产。

（2）必须保证工作场所符合职业卫生要求，严禁在职业病危害超标环境中作业。

（3）必须设置职业病防护设施并保证有效运行，严禁不设置不使用。

（4）必须为劳动者配备符合要求的防护用品，严禁配发假冒伪劣防护用品。

（5）必须在工作场所与作业岗位设置警示标识和告知卡，严禁隐瞒职业病危害。

（6）必须定期进行职业病危害检测，严禁弄虚作假或少检漏检。

（7）必须对劳动者进行职业卫生培训，严禁不培训或培训不合格上岗。

（8）必须组织劳动者职业健康检查并建立监护档案，严禁不体检不建档。

七、其他金属非金属矿山安全生产相关部门规章

1. 金属非金属地下矿山企业领导带班下井及监督检查暂行规定

为落实金属非金属地下矿山企业领导带班下井制度，强化现场安全管理，及时发现和消除事故隐患，根据《国务院关于进一步加强企业安全生产工作的通知》（国发〔2010〕23 号）和国家有关规定，

国家安全生产监督管理总局于2010年10月13日公布《金属非金属地下矿山企业领导带班下井及监督检查暂行规定》（国家安全生产监督管理总局令第34号），自2010年11月15日起施行，并根据2015年5月26日国家安全生产监督管理总局令第78号修正。该暂行规定明确规定：矿山企业是落实领导带班下井制度的责任主体，必须确保每个班次至少有1名领导在井下现场带班，并与工人同时下井、同时升井。矿山企业的主要负责人对落实领导带班下井制度全面负责。矿山企业应当建立健全领导带班下井制度，制定领导带班下井考核奖惩办法和月度计划，建立和完善领导带班下井档案。

2. 尾矿库安全监督管理规定

《尾矿库安全监督管理规定》经2011年5月4日国家安全生产监督管理总局令第38号公布，自2011年7月1日起施行，并根据2015年5月26日国家安全生产监督管理总局令第78号修正。该规定从尾矿库建设、运行、回采和闭库等方面对尾矿库的安全管理提出了明确规定，要求尾矿库生产经营单位应当建立健全尾矿库安全生产责任制，建立健全安全生产规章制度和安全技术操作规程，对尾矿库实施有效的安全管理。

3. 小型露天采石场安全管理与监督检查规定

《小型露天采石场安全管理与监督检查规定》经2011年5月4日国家安全生产监督管理总局令第39号公布，自2011年7月1日起施行，并根据2015年5月26日国家安全生产监督管理总局令第78号修正。该规定适用于年生产规模不超过50万t的山坡型露天采石作业单位的安全生产及对其监督管理。开采型材和金属矿产资源的小型露天矿山的安全生产及其监督管理不适用本规定。

4. 金属非金属矿山建设项目安全设施目录（试行）

《金属非金属矿山建设项目安全设施目录（试行）》于2015年3月16日国家安全生产监督管理总局令第75号公布，自2015年7月1日起施行。该《目录》用于规范和指导金属非金属矿山建设项目安全设施设计、设计审查和竣工验收工作，矿山采矿和尾矿库建设项目安全设施适用该《目录》。该《目录》分为地下矿山建设项目安全设施、露天矿山建设项目安全设施和尾矿库建设项目安全设施三个子目录，每个子目录根据安全设施划分原则划分为基本安全设施和专用安全设施。该《目录》中列出的安全设施不是所有矿山都必须设置的，矿山企业应根据生产工艺流程、相关安全标准和规定，结合矿山实际情况设置相关安全设施。

第二章 矿山安全生产管理

第一节　安全生产管理的意义、任务及基本内容

一、矿山安全生产管理的意义

安全生产管理是企业管理的重要组成部分。所谓安全生产管理，就是针对人们在生产过程中的安全问题，开展决策、计划、组织和控制等活动，确保生产设备、作业环境、作业工具、作业条件和人的作业行为满足安全生产要求，达到安全生产的目标。

安全生产关系人民群众生命和财产安全，关系改革、发展和稳定大局，安全生产责任重于泰山。要始终把人民群众的生命安全放在首位，发展绝不能以牺牲人的生命为代价，这要作为一条不可逾越的红线。大力实施安全发展战略，搞好安全生产管理，是全面落实科学发展观的必然要求，是建设和谐社会的迫切需要，是各级政府和生产经营单位做好安全生产工作的基础。

加强矿山安全生产管理，对促进矿山企业科学管理和技术进步，建立现代企业管理制度，提高职工队伍和企业整体素质，保护矿山职工生命财产安全，减少和控制矿山事故危害，避免生产过程中造成的人身伤亡、财产损失和环境破坏以及其他损失，保证企业正常生产运

行，实现企业目标具有重要意义。

二、矿山安全生产管理的任务

矿山企业安全生产管理的主要任务是贯彻落实国家有关安全生产的方针、政策、法律、法规和标准规范，坚持“以人为本”的原则，依靠科技创新和管理创新，努力消除和控制矿山生产经营过程中的各种危险因素和不良行为，不断地改善安全生产条件，最大限度地减少伤亡事故，保护职工的身体健康、生命安全和财产不受损失，促进矿山企业生产建设的顺利进行。

三、矿山安全生产管理的基本内容

矿山企业安全生产管理的基本内容包括：

（1）贯彻执行国家有关安全生产的方针、政策、法律、法规和标准规范。

（2）建立健全矿山企业安全管理网络。

（3）建立健全以安全生产责任制为核心的各项安全生产管理制度。

（4）加强安全生产宣传教育和安全技术培训，提高全员安全意识和安全生产技能，做好主要负责人、安全生产管理人员和特种作业人员的持证上岗工作。

（5）确保矿山新建、改建、扩建工程项目严格履行“三同时”程序。

（6）按规定提取和使用安全费用，制定和落实安全技术措施计划，确保矿山企业安全生产条件不断改善。

（7）组织开展矿山安全科学技术研究，积极推广各种先进的安全技术手段和管理方法，控制生产过程中的危险因素，改进安全设施，消除事故隐患，不断提高矿山本质安全水平。

（8）建立安全生产标准化体系，推进矿山安全标准化工作，不断提高矿山企业安全管理水平。

（9）加强应急管理，制定事故灾害防范措施和应急预案，开展应急培训和演练，提高矿山抗灾能力。

（10）搞好从业人员劳动保护工作，按规定向从业人员发放合格的劳动防护用品。

（11）做好从业人员伤亡事故和职业病的管理工作，执行伤亡事故报告、登记、调查、处理和统计制度，对从业人员进行定期健康检查，建立从业人员健康监护档案，按照规定参加工伤社会保险。

（12）建立安全文化体系，树立企业良好安全氛围，增强向心力，调动职工的积极性和热情，建立安全生产长效机制。

第二节　我国安全生产监管体制

一、国家安全生产管理体制

加强安全生产监管首先要站在战略的高度，建立安全生产长效机制，即安全生产管理体制。《国务院关于进一步加强安全生产工作的决定》（国发〔2004〕2号）明确了“政府统一领导、部门依法监管、企业全面负责、群众参与监督、全社会广泛支持”的安全生产工作新格局。

根据《安全生产法》的规定，我国现阶段的安全生产监管体制是国家安全生产综合监管与各级政府有关职能部门专项监管相结合的体制。安全生产综合监管部门是国家安全生产监督管理总局，专项监管的部门有：公安部消防局负责消防安全；公安部交通管理局负责机动车辆监管；国家煤矿安全监察局负责煤矿安全监察；交通运输部海事局负责船舶水上交通运输安全监管；国家质量监督检验检疫总局负责特种设备的安全监管等。国家的安全生产有关部门合理分工、相互协调，构成了我国安全生产监管体系。这种监管体制表明了我国《安全生产法》的执法主体是国家安全生产综合管理部门和相应的专门监管部门两大执法主体系统。

二、金属非金属矿山安全监管机构

国家安全生产监督管理总局监管一司负责金属非金属矿山安全监督监察工作。其具体职责是依法监督监察非煤矿山（含地质勘探）行业生产经营单位贯彻执行安全生产法律、法规情况及其安全生产条件、设备设施安全情况；组织相关大型建设项目安全设施的设计审查和竣工验收；承担非煤矿山企业安全生产准入管理工作；指导监督相关安全生产标准化工作和不具备安全生产条件的非煤矿井关闭工作；承担海上石油安全生产综合监督管理工作；参与相关行业特别重大事故调查处理和应急救援工作。各省、自治区、直辖市，各市（州）至县都建立了相应的金属非金属矿山安全监管机构。

第三节　安全生产管理组织保障

一、安全生产管理机构与安全生产管理人员

金属非金属矿山应按照《安全生产法》的规定，设置安全生产管理机构，配备安全生产管理人员。

安全生产管理机构是指矿山企业中专门负责安全生产监督管理的内设机构，其工作人员都是专职安全生产管理人员。安全生产管理机构的作用是落实国家有关安全生产的法律法规，组织生产经营单位内部各种安全检查活动，负责日常安全检查，及时整改各种事故隐患，监督安全生产责任制的落实等。安全生产管理机构是矿山企业安全生产的重要组织保证。

《安全生产法》第二十一条规定：矿山、金属冶炼、建筑施工、道路运输单位和危险物品的生产、经营、储存单位，应当设置安全生产管理机构或者配备专职安全生产管理人员。安全生产管理机构的设置和专、兼职安全生产管理人员的配备，应根据矿山企业的危险性、规模大小等因素来确定。

二、安全生产管理机构以及安全生产管理人员的职责

《安全生产法》第二十二条规定，生产经营单位的安全生产管理机构以及安全生产管理人员履行下列职责：

（1）组织或者参与拟订本单位安全生产规章制度、操作规程和生产安全事故应急救援预案。

（2）组织或者参与本单位安全生产教育和培训，如实记录安全生产教育和培训情况。

（3）督促落实本单位重大危险源的安全管理措施。

（4）组织或者参与本单位应急救援演练。

（5）检查本单位的安全生产状况，及时排查生产安全事故隐患，提出改进安全生产管理的建议。

（6）制止和纠正违章指挥、强令冒险作业、违反操作规程的行为。

(7) 督促落实本单位安全生产整改措施。

除此之外，矿山企业安全生产管理机构还应履行如下职责：

(1) 当好矿山企业领导在安全生产工作方面的助手和参谋，协助矿山企业领导做好安全生产工作。

(2) 对矿山安全法律、法规、规程、标准及规章制度的贯彻执行情况，进行监督检查。

(3) 制定和审查本企业的安全生产规章制度，并督促贯彻执行。

(4) 组织审查改善劳动条件的项目，并督促按期完成。

(5) 经常进行现场检查，及时掌握危险源动态，研究解决事故隐患和存在的安全问题，遇到有危及人身安全的紧急情况，应采取应急措施，有权指令先行停止生产，后报告领导研究处理。

(6) 指导工段、班组安全员的工作。

三、主要负责人和安全管理人员要求

金属非金属矿山企业主要负责人是指从事金属非金属矿山开采的有限责任公司或者股份有限公司的董事长、总经理，其他从事金属非金属矿山开采生产经营单位的厂长、经理、(矿务局) 局长、矿长 (含实际控制人) 等。

金属非金属矿山安全生产管理人员是指金属非金属矿山分管安全生产的负责人、安全生产管理机构负责人及其管理人员，以及未设安全生产管理机构的生产经营单位专、兼职安全生产管理人员等。

《安全生产法》规定：矿山企业的主要负责人和安全生产管理人员必须具备与本单位所从事的生产经营活动相应的安全生产知识和管理能力。应当由主管的负有安全生产监督管理职责的部门对其安全生产知识和管理能力考核合格。

《金属非金属矿山安全规程》（GB 16423—2006）要求专职安全生产管理人员，应由不低于中等专业学校毕业（或具有同等学力）、具有必要的安全生产专业知识和安全生产工作经验、从事矿山专业工作五年以上并能适应现场工作环境的人员担任。

第四节 安全生产管理

一、安全生产责任制

1. 安全生产责任制的概念

安全生产责任制是根据我国“安全第一、预防为主、综合治理”的安全生产方针和安全生产法规建立的各级领导、职能部门、工程技术人员、岗位操作人员在劳动生产过程中对安全生产层层负责的制度。安全生产责任制是企业岗位责任制的重要组成部分，是企业中最基本的一项安全制度，也是企业安全生产、劳动保护管理制度的核心。

为贯彻落实习近平总书记要建立健全“党政同责、一岗双责、齐抓共管”的安全生产责任体系的重要指示精神，应按照国务院统一部署，切实加强各行业领域安全生产工作。各矿山企业要按照“管行业必须管安全、管业务必须管安全、管生产经营必须管安全”的要求，做到安全生产责任“五落实”：一是落实“党政同责”，部门党政主要负责人对安全生产工作负总责。二是落实领导班子成员“一岗双责”，部门领导班子成员要在各自分管领域各负其责。三是落实行业领域安全生产监督管理责任，健全工作机构、明确工作职责、充实专业力量。四是落实日常监督检查和指导督促职责，加强本行业领域安全生产监管执法，做好有关事故预防控制，发生重特大事故立即派员到现场指导参与抢险救援、事故调查等工作。五是落实安全生产工作考核奖惩、“一票否决”等制度，建立自我约束、持续改进的安全生产长效机制，按照“谁主管、谁负责”“谁审批、谁负责”的原则，督促落实企业安全生产主体责任，健全本企业安全生产责任体系。

2. 安全生产责任制的主要内容

矿山企业各级各类人员的安全生产职责如下。

（1）生产经营单位主要负责人

生产经营单位的主要负责人是本单位安全生产的第一责任人，《安全生产法》第十八条规定，生产经营单位的主要负责人对本单位安全生产工作负有下列职责：

1）建立健全本单位安全生产责任制。

2）组织制定本单位安全生产规章制度和操作规程。

3）组织制定并实施本单位安全生产教育和培训计划。

4）保证本单位安全生产投入的有效实施。

5）督促、检查本单位的安全生产工作，及时消除生产安全事故隐患。

6）组织制定并实施本单位的生产安全事故应急救援预案。

7）及时、如实报告生产安全事故。

（2）分管安全生产的企业副职领导（副矿长、副经理、副董事长、副局长）安全生产职责

1）协助企业法定代表人具体抓好矿山企业的安全生产工作。

2）对矿山企业安全生产工作负直接领导责任。

（3）分管其他方面的企业副职领导（副矿长、副经理、副董事长、副局长）安全生产职责

对其分管工作中涉及安全生产的内容负责，承担相应的安全生产责任。

（4）总工程师（主任工程师、主管工程师、技术负责人）的安全生产职责

总工程师对矿山企业安全生产负技术责任。

（5）采区（工区、车间、井口采场）负责人的安全生产职责

1）贯彻执行安全生产规章制度，对本采区职工在生产过程中的安全健康负全面责任。

2）合理组织生产，在计划、布置、检查、总结、评比生产的各项活动中都必须包括安全工作。

3）经常检查现场的安全状况，及时解决发现的隐患和存在的问题。

4）经常向职工进行安全生产知识、安全技术、规程和劳动纪律的教育，提高职工的安全生产思想认识和专业安全技术知识水平。

5）负责提出改善劳动条件的项目和实施措施。

6）对本采区伤亡事故和职业病登记、统计、报告的及时性和正确性负责，分析原因，拟定改进措施。

7）对特种作业人员组织训练，并必须经过考核合格，取得安全操作证方能上岗操作。

（6）班组长、工段长安全生产职责

1）组织矿工学习安全操作规程和矿山企业及本采区的有关安全

生产规定，教育工人严格遵守劳动纪律，按章作业。

2）经常检查本工段、班组矿工使用的机器设备、工具和安全卫生装置，保持其安全状态良好。

3）对本工段、班组作业范围内存在的危险源进行日常监控管理和检查。

4）整理工作地点，保持清洁文明生产。

5）组织工段、班组安全生产竞赛与评比，学习推广安全生产先进经验。

6）及时分析伤亡事故原因，吸取经验教训，提出改进措施。

7）有权拒绝上级的违章指挥。

（7）工人安全生产职责

1）自觉遵守矿山安全法律、法规及企业安全生产规章制度和操作规程，不违章作业，并制止他人违章作业。

2）接受安全教育培训，积极参加安全生产活动，主动提出改进安全工作的意见。

3）有权对本单位安全生产工作中存在的问题提出批评、检举、控告。

4）有权拒绝违章指挥和强令冒险作业。

5）发现隐患或其他不安全因素应立即报告，发现直接危及人身安全的紧急情况时，有权停止作业或采取应急措施后撤离作业现场，并积极参加抢险救护。

3．安全生产责任制的考核

矿山企业应建立安全生产责任制考核管理办法，加强对安全生产责任制落实情况的监督考核，保证安全生产责任制的落实。要针对部门与各岗位人员的职责逐项进行量化考核；考核结果要与风险抵押或安全奖惩等挂钩；安全生产责任制至少每季度考核一次；考核过程认真细致；考核结果客观公正；针对考核发现的问题要提出纠正和预防措施。

二、安全检查（隐患排查）

安全检查是消除隐患、防止事故、改善劳动条件的重要手段。通过安全检查可以及时发现生产过程中存在的不安全因素，包括不良的作业环境状况、不安全的作业行为和安全管理上的缺陷，以便及时纠正、整改，保证安全生产。

《金属非金属矿山安全规程》（GB 16423—2006）要求矿山企业应认真执行安全检查制度。企业安全生产管理人员应根据本单位的生产经营特点，对安全生产状况进行经常性检查；对检查中发现的事故隐患，应立即处理；不能立即处理的，应及时报告本单位有关负责人。检查及处理的情况应记录在案。

1．安全生产检查的类型

根据检查的时间周期不同，安全生产检查分为以下几种类型。

（1）日常性检查。即经常性的、普遍的检查。各级各类人员每天都应在职责范围内进行安全检查。如专职安全人员每天在规定的范围内进行安全检查；班组每班次都应在班前、班后进行安全检查；岗位操作人员应进行设备点检，设备专管人员应开展巡检。日常检查应该有计划，检查项目应制定检查表，重点部位和场所应重点检查。

（2）定期检查。矿山企业主管部门每年对其所管辖的矿山至少检查一次，矿每季至少检查一次，井口（车间）、科室每月至少检查一次。定期检查不能走过场、一定要深入现场，解决实际问题。

（3）专业性检查。由矿山企业的职能部门负责组织有关专业人员和安全管理人员进行的专业或专项安全检查。这种检查专业性强、力量集中，有利于发现问题和处理问题，如采场冒顶、通风、边坡、尾矿库、炸药库、提升运输设备等的专业性安全检查等。

（4）专题安全检查。针对某一个安全问题进行的安全检查，如防火检查、尾矿库安全度汛情况检查、“三同时”落实情况的检查、安措费及使用情况的检查等。

（5）季节性检查。根据季节特点，为保障安全生产的特殊要求所进行的检查。如夏季多雨，要提前检查防洪防汛设备，加强检查井下顶板、涌水量的变化情况；秋冬季天气干燥，要加强防火检查。

（6）节假日前后的检查。包括节假日前进行安全综合检查，落实节假日期间的安全管理及联络、值班等要求；节假日后要进行遵章守纪的检查等。

（7）不定期检查。指在新、改、扩建工程试生产前以及装置、机器设备开工和停工前、恢复生产前进行的安全检查。

2. 安全生产检查的内容

安全生产检查的内容包括：

（1）查安全生产方针、政策、法律法规的落实情况，以及各级领导人对安全生产的思想认识。

（2）查制度与管理。即检查各项安全生产标准化体系和管理制度是否健全，以及其贯彻落实情况，安全投入是否足够，检查车间、班组日常安全管理工作。

（3）查人员。包括检查主要负责人、安全生产管理人员、从业人员接受安全教育培训的情况，特种作业人员是否取得操作资格证，矿山、危险品和建筑施工企业的主要负责人和安全生产管理人员是否取得安全资格证，作业人员是否有违章行为等。

（4）查隐患与整改。检查生产现场、工作场所、设备设施、防护装置以及作业环境是否符合有关规定的要求，重大危险源监控管理和隐患整改落实情况。

（5）查事故处理。检查企业是否按照“四不放过”的要求对事故进行处理。

3. 隐患整改

事故隐患是指生产经营单位违反安全生产法律法规、规章、标准、规程和有关安全生产管理制度的规定，或者因其他因素在生产经营活动中存在可能导致事故发生的物的危险状态、人的不安全行为和管理上的缺陷。事故隐患整改应建立隐患排查、登记、整改、销案制度，凡属已经检查发现的隐患，均须逐项登记，并按照职责范围，实行班组、车间、厂和公司分级负责整改的制度。事故隐患整改的要求：

（1）要坚持职业安全卫生“三同时”原则，从源头上减少事故隐患。

（2）加强教育培训，强化全员隐患意识，提高对隐患危害性的认识，发动群众排查身边隐患。

（3）认真开展各项安全检查，发现涉及安全生产的隐患、缺陷和问题，均应逐项登记，并按照职责范围，实行班组、车间、厂、公司分级负责整治的制度。

（4）明确安全责任，理顺隐患整改治理机制，按照“四定三不推”的原则对隐患实行分级管理。“四定三不推”，即定项目、定负责人、定措施（包括经费来源）、定完成期限；凡班组、工段能解决的不推给车间，车间能解决的不推给厂，厂能解决的不推给公司，做到及时整改，按期销案。

（5）坚持标准，提高隐患整改的科学管理水平。

（6）广开渠道，保障隐患整改资金的投入到位。

（7）落实措施，充分发挥工会和职工的群众监督作用，共同搞好隐患管理。

（8）加强隐患整改的信息反馈调节和督办检查，推动隐患整改按期销案。

（9）对一时不能消除的重大、特大事故隐患，要采取临时性的安全防护措施，加强监控、动态跟踪，确保安全。

（10）事故隐患消除后，隐患整改单位应向原登记立案单位予以销案。

（11）检查发现的隐患及整改情况应认真做好记录。

三、安全教育培训与人员任职资格

做好安全教育培训工作，是强化矿山企业从业人员安全生产意识，提高其安全操作技能的最有效的手段。《安全生产法》第二十五条规定：生产经营单位应当对从业人员进行安全生产教育和培训，保证从业人员具备必要的安全生产知识，熟悉有关的安全生产规章制度和安全操作规程，掌握本岗位的安全操作技能，了解事故应急处理措施，知悉自身在安全生产方面的权利和义务。未经安全生产教育和培训合格的从业人员，不得上岗作业。《金属非金属矿山安全规程》（GB 16423—2006）规定：矿山企业应对职工进行安全生产教育和培训，保证其具备必要的安全生产知识，熟悉有关的安全生产规章制度和安全操作规程，掌握本岗位的安全操作技能。未经安全生产教育和培训合格的，不应上岗作业。

1. 主要负责人

（1）培训目的。通过培训，使金属非金属矿山主要负责人熟悉矿山安全的有关法律、法规、规章和国家标准，掌握矿山安全管理、安全技术理论以及实际安全管理技能，了解职业卫生防护和应急救援知识，具备相应的矿山安全管理能力，达到《金属非金属矿山主要负责人安全生产培训大纲》（AQ 2008—2006）的要求。

（2）培训内容。培训内容主要包括安全生产法律法规、安全管理、安全技术、矿山事故应急管理、职业卫生、安全管理技能。

（3）培训时间。露天矿山主要负责人的培训时间不少于 48 学时；地下矿山主要负责人的培训时间不少于 52 学时；再培训时间不少于 16 学时。

2. 安全生产管理人员

（1）培训目的。通过培训，使培训对象熟悉矿山安全的有关法律、法规、规章和国家标准，掌握矿山安全管理、安全技术理论和实际安全管理技能，了解职业卫生防护和应急救援知识，具备相应的矿山安全管理能力，达到《金属非金属矿山安全生产管理人员安全生产培训大纲》（AQ 2010—2006）的要求。

（2）培训内容。培训内容主要包括安全生产法律法规、安全管理、安全技术、矿山事故应急管理、职业卫生、安全管理技能。

（3）培训时间。露天矿山安全生产管理人员的培训时间不少于 52 学时；地下矿山安全生产管理人员的培训时间不少于 56 学时；再培训时间不少于 16 学时。

3. 其他从业人员培训

金属非金属矿山其他从业人员（以下简称“从业人员”）是指除主要负责人和安全生产管理人员以外，该企业从事生产经营活动的所有人员，包括其他负责人、管理人员、技术人员和各岗位的工人，以及临时聘用人员。

（1）新工人入矿的三级安全教育。新工人入矿三级安全教育是指矿、井口（车间）和班组三级安全教育。新进矿山的井下作业职工，接受安全教育、培训时间不得少于72 h；新进露天矿的职工接受安全教育、培训时间不得少于40 h。各级教育培训结束时，经考试合格后，方可分配到岗位工作。

矿级安全教育是矿部负责对新入矿的工人，在没有分配至班组或工作地点之前进行的入矿安全教育。教育的主要内容有：国家矿山安全法律、法规、规程；本矿山企业安全生产的一般知识和规章制度；安全生产状况和特殊危险地点及注意事项；一般电气、机械和采区安全知识及防火防爆知识；伤亡事故教训等。教育的方法可根据本矿山企业生产特点，机械设备的复杂情况，新入矿工人的数量多少等情况，采取不同的方法进行。如讲课、会议、座谈、演练、参观展览、安全影视、看录像等。

井口（车间）教育是井口（车间）负责人对新分配到井口（车间）的工人进行采场安全生产教育。主要内容有：采场规章制度和劳动纪律；采场危险地区及事故隐患、有毒有害作业的防治情况及安全规定；采场安全生产情况及问题；曾发生事故的原因分析及防范措施等。教育方法一般有采场安全员讲解、实地参观，进行直观教育等。

班组安全教育是工段长、班组长对新工人或调动岗位的工人，到现岗位开始工作前的安全教育。新的井下作业职工，在接受了安全教育、培训，经考试合格后，必须在有安全工作经验的师傅带领下工作满 4 个月，并再次经考核合格，方可独立作业。教育的主要内容有：本工段或班组的安全生产概况、工作性质、职责范围及安全操作规程；工段、班组的安全生产守则及交接班制度；本岗位易发生的事故和尘毒危害情况及其预防和控制方法；发生事故时的安全撤退路线和紧急救灾措施；个人防护用品的使用和保管。教育的方法采用讲解、示范等师傅带徒弟的方法。

（2）特种作业人员教育培训。矿山特种作业人员从事的特种作业，是指对操作者本人及他人和周围环境的安全有重大危害的作业，一旦发生事故后，对整个矿山企业生产的影响较大，还会带来严重的生命财产损失。因此，矿山企业必须组织特种作业人员参加由国家规定的部门进行的专门技术培训，经过考核合格，取得安全操作证后，方准上岗操作。

矿山特种作业人员包括爆破工、矿井通风工、矿井泵工、主提升机操作工、矿山电工、金属焊接（切割）工、支柱工、尾矿工、安全检查工以及经省安全生产监督管理部门认定的其他危险作业人员。

特种作业人员的培训教育包括两个方面：一是安全技术知识的教育，二是实际操作技能的训练。对特种作业人员的教育，可采取脱产或半脱产方式，以及对口专业的定期培训、轮训。已取得特种作业人员操作证的特种作业人员，每三年复审一次。

（3）其他人员的安全教育。在采用新工艺、新技术、新设备、新材料时，要进行新的操作方法、操作规程、安全管理制度和防护方法的教育。

职工调换工种或离岗半年以上重新上岗时，必须进行相应的车间级或班组级安全教育。

4. 培训管理

（1）识别安全培训需求。

（2）制订与实施安全培训计划。包括培训前的准备、培训过程管理、培训效果评估、培训总结等。

（3）安全培训计划实施情况的检查与考核。

（4）安全培训工作的改进与提高。

（5）建立安全培训档案。安全培训档案内容一般包括培训需求识别过程与结果的记录；年度安全培训计划及其调整和执行情况检查的记录；培训过程形成的记录；安全培训效果评估记录；安全培训总结等。

四、安全投入

矿山企业必须安排适当的资金，用于改善安全设施、更新安全技术装备、器材、仪器、仪表以及其他安全生产投入，以保证企业达到法律、法规、标准规定的安全生产条件，并对由于安全生产所必需的资金投入不足导致的后果承担责任。

安全生产投入资金的保证，应根据企业的性质而定。一般来说，股份制企业、合资企业等安全生产投入资金由董事会予以保证；一般国有企业由厂长或者经理予以保证；个体工商户等个体经济组织由投资人予以保证。上述保证人承担由于安全生产所必需的资金投入不足而导致事故后果的法律责任。

1．安全技术措施计划

矿山企业为了保证安全资金的有效投入，应编制安全技术措施计划。安全技术措施计划的核心是安全技术措施，即以工程技术手段解决安全问题，预防事故的发生及减少事故伤害和损失，是预防和控制事故的最佳安全措施。

安全技术措施计划是安全管理方面十分重要的工作，是企业有计划地改善劳动条件的重要工具，是防止工伤事故及职业病的一项重要措施，也是企业总计划（生产财务计划）的一个组成部分。

2．安全技术措施计划编制

编制安全技术措施计划是依据以下几方面的情况来进行的：

（1）有关安全生产的法律、法规、条例、规程、规范、方针、政策及企业有关的安全规章制度。

（2）在安全生产检查中发现的事故隐患及尚未解决的问题。

（3）造成伤亡事故与职业病的主要设备与技术原因，应采取的有效防止措施。

（4）生产发展需要采取的安全技术与职业卫生技术措施。

（5）安全技术革新项目和职工提出的合理化建议项目。

3．安全技术措施计划的内容范围

安全技术措施计划的项目，包括改善劳动条件、防止事故、预防职业病、提高职工安全素质技能措施。

安全技术措施计划的措施内容范围，包括改善劳动条件防止伤亡事故和职业病的一切技术措施。大体可分四类：

（1）安全技术措施。安全技术措施是指以防止伤亡事故为目的的一切措施，如防护装置、保险装置、信号装置以及各种安全防火防爆设施等。

(2) 职业卫生技术措施。职业卫生技术措施是指以改善对职工身体健康有害的生产环境条件、防止中毒和职业病为目的的技术措施，如防尘、防毒、防噪声与振动、通风、降温、防寒等装置或设施。

(3) 辅助措施。辅助措施是指保证职业卫生方面必需的房屋及一切卫生性保护措施，如尘毒作业人员的淋浴室、更衣室或存衣室、消毒室、妇女卫生室等。

(4) 安全宣传教育措施。安全宣传教育措施是指可以提高职工安全素质的有关宣传教育设备、仪器、教材和场所等，如劳动保护教育室，安全卫生教材、挂图、宣传画，培训室，图书仪器及安全技术展览会，安全技术培训班所需的设施。

五、危险源管理

从安全生产的角度来说，危险源是指可能造成人员伤害、财产损失、环境破坏或者其他损失的根源或状态。因此，重大危险源就是可能导致重大事故的危险源。《安全生产法》和国家标准《危险化学品重大危险源辨识》(GB 18218—2009) 都对重大危险源做出了明确的规定。

因此，对一般工业生产而言，重大危险源是指含有大量的危险物质或能量，可能造成重大人员伤亡、重大经济损失及环境破坏或者其他破坏的设备、设施及场所。加强重大危险源管理，对预防重大工业事故，降低事故损失意义重大。

危险源管理是以控制危险因素为核心，针对生产过程中每个危险源涉及的危险物质、设备设施状态、作业环境、人的行为和安全管理等因素，实施有效的管理，使危险源处于受控状态。

危险源分级管理制度一般应明确：

（1）危险源的定点原则。确定危险源应考虑的情形一般包括：易发生人身伤亡、火灾、爆炸、急性中毒等事故；设备本质安全化程度低、作业环境不良、事故发生频率高；具有一定的事故频率和严重度，作业密度高；事故后果严重等。

（2）危险源分级标准。一般根据事故的后果，将危险源分为四个级别：可能造成多人伤亡或引起火灾、爆炸、设备及厂房设施毁灭性破坏的为 A 级危险源；可能造成死亡，或永久性全部丧失劳动能力（终身致残性重伤），或可能造成生产中断 10 天以上的为 B 级危险源；可能造成人员永久性局部丧失劳动能力（伤愈后能工作但不能从事原岗位工作的重伤或轻伤），或危及生产暂时性中断 1 天以上的为 C 级危险源；可能造成人员暂时性局部丧失劳动能力（伤愈后仍能正常从事原岗位工作的轻伤或轻微伤），或可能造成生产暂时性中断 1 个班以上的为 D 级危险源。

（3）危险源风险评估。对危险源可能的危险有害因素进行分析，并评估其可能造成的危害程度。

（4）制定危险源安全控制措施。危险源安全控制措施一般包括工程控制措施（如隔离、替代、监测与联锁等）、管理控制措施（危险预知、检查、岗位标准化作业、建立健全管理制度和操作规程、落实责任制、完善应急处置方案）、个体防护措施等。

（5）危险源日常管理。危险源日常管理包括登记建档，设置警示标志，做好日常安全定检、点检，及时报告和处理异常情况。

（6）管理职责。对不同级别的危险源，应明确相应的责任人、责任部门，并定期检查。矿山企业各级管理人员和工段长、班组长、岗位作业人员要对职责范围内的危险源负责管理和检查。

六、特种设备安全管理

特种设备是指由国家认定的，因设备本身和外在因素的影响容易发生事故，并且一旦发生事故会造成人身伤亡及重大经济损失的危险性较大的设备。特种设备包括锅炉、压力容器（含气瓶）、压力管道、电梯、起重机械、客运索道、大型游乐设施和场（厂）内专用机动车辆。《特种设备安全监察条例》(国务院令第 549 号）对特种设备的生产（含设计、制造、安装、改造和维修)、使用、检测检验及其监督检查等做了规定。对特种设备实施市场准入制度和设备准用制度，及对从事特种设备的生产设计、制造、安装、修理、维护保养、改造的单位实施资格许可，并对部分在用产品实施安全性能监督检验；对在用的特种设备通过实施定期检验，注册登记，实行准用制度。

特种设备使用单位对本单位的特种设备安全管理要求：

（1）使用单位应当购买附有安全技术规范要求的设计文件、产品质量合格证明、安装及使用维修说明、监督检验证明等文件的特种设备。

（2）特种设备在投入使用前或者投入使用后 30 日内，应当向特种设备安全监督管理部门登记。登记标志应当置于或者附着于该特种设备的显著位置。

（3）应当建立特种设备安全技术档案 。

（4）对在用特种设备进行经常性日常维护保养，并定期检查。

（5）使用单位应对特种设备作业人员进行特种设备安全教育培

训，保证特种作业人员具备必要的安全作业知识和操作技能。

(6) 特种设备操作人员（包括操作人员和相关管理人员）应经特种设备安全监督管理部门考核合格，取得特种作业人员证书，方可上岗作业。

(7) 特种设备应定期进行检测检验。检测检验应当由有资质的单位进行。

(8) 特种设备存在严重事故隐患，无改造、维修价值，或者超过使用年限，应当及时予以报废。

(9) 应当制定特种设备的事故应急预案。

七、检修作业安全管理

设备设施检修的目的是确保设备设施完好运行，避免设备设施带病运行而导致生产安全事故发生。

(1) 检修作业的许可。检修主要提升井筒、运输大巷和大型硐室，采用特殊方法处理溜井、漏斗堵塞，采空区等重大隐患治理以及易燃易爆场所动火作业、有限空间作业、电气线路和设备维护作业要实行许可管理，作业前按规定办理作业许可证。应当由企业相关职能部门会同检修单位编制安全技术措施方案，并经本企业安全管理部门同意，重要检修作业报企业主管领导审批。

(2) 检修作业安全技术措施方案内容。包括检修项目名称；检修作业地点、范围、起始时间及预计结束时间；检修负责人及作业人员；现场安全员；检修作业的主要工作程序和内容；检修作业过程可能出现的危险有害因素和事故模式，以及应采取的安全防护与应急措施。

(3) 检修作业安全技术交底要求。检修负责人应当组织有关技术人员向作业人员进行技术交底和安全交底，并组织作业人员认真学习、讨论检修作业安全技术措施方案。

（4）检修前检查、确认要求。检修作业前，检修负责人或现场安全员应当对各项安全措施予以检查、确认，并在检修前安全确认记录上签字。

（5）检修作业现场安全检查、巡视要求。检修作业过程中，现场安全员应当根据检修任务的风险特点，做好检修作业现场的安全检查、巡视工作，包括违章指挥或违章作业情况；安全着装及防护用品使用情况；协同作业的统一指挥和信息联络状况；人员所处位置的安全状况；登高、带电等危险作业的保护措施状况；现场危险物品及能量的处置状况；作业场所与环境的安全状况，如通道、照明、通风、顶板、防坠、安全警示标志等；检修作业程序的安全可靠性等。

（6）检修现场整理要求。检修作业结束后，作业人员应当做好检修现场整理工作，包括按规定程序清除检修用的所有工器具、脚手架，以及临时供电、供风、供水、照明与通信等设备、设施；清扫所检修的设备、设施，并清除检修现场所留下的废料、杂物、垃圾、油污等；恢复正常生产所需的供电、供风、供水、照明与通信等设备、设施；恢复因检修而拆移的各种安全防护设施与装置等。

（7）检修作业验收要求。检修作业完毕，要及时对检修后的设备、设施进行安全验收，并认真填写检修后安全确认记录。

八、外包工程安全管理

矿山企业应当依据《非煤矿山外包工程安全管理暂行办法》（国

家安全生产监督管理总局令第 62 号）的要求，结合企业实际制定外包工程安全管理制度，对以外包工程的方式从事工程施工作业或者技术服务活动进行安全管理和监督。这些活动包括金属非金属矿山（包括勘探、建设、生产、闭坑等）工程施工作业活动，石油天然气（包括勘探、开发、储运等）工程与技术服务活动。

外包工程安全管理制度应包括以下内容：

（1）对外包工程安全生产激励约束要求和外包工程安全管理优劣评判标准。

（2）对承包单位资格审查，包括安全生产许可证和相应资质的审查，安全管理规章制度、技术管理人员、主要设备设施和安全教育培训的要求。

（3）与承包单位签订安全生产管理协议，并在协议上规定安全投入保障、安全设施和施工条件、隐患排查与治理、安全教育与培训、事故应急救援、安全检查与考评和违约责任等内容。

（4）安全投入保障的。企业应按照国家有关规定和合同约定，保障施工作业安全所需资金。同时，对合同约定以外发生的隐患排查治理等有关安全生产所需费用，发包单位还应当负责从合同价款以外的资金中予以保障。

（5）对承包单位的监督要求。企业对承包单位应当承担监督责任，每半年对承包单位的施工资质、施工现场安全管理和相关信息报告等情况进行一次检查。

（6）对发包单位管理的要求。发包单位应当将承包单位及其项目部纳入本单位的安全管理体系，实行统一管理；分项发包单位对其承包单位民用爆炸物品管理、隐患排查治理等应重点管理。

（7）地下矿山的发包要求。地下矿山承包单位原则上不得超过3家；对生产矿山的主要生产系统，如主通风、主提升、主供风等系统及其设备设施的运行管理不得实行分项发包。

（8）应急救援要求。承包单位的应急救援工作纳入发包单位的应急救援体系，进行统一管理。

（9）发包单位负责事故数据统计，承包单位的事故统计数据纳入发包单位的统计范围。

第五节　现代安全管理概述

现代安全管理是现代企业管理的重要组成部分，它吸收了现代科学技术发展的成果，遵循现代企业管理的基本原理和原则，应用安全科学的观点和方法，对安全生产进行全面、系统、科学的管理。推行现代安全管理，可实现安全管理由传统的经验型管理向现代的系统安全管理转变，由伤亡事故管理为中心的事故管理型向以危险源控制为中心的事故预防型管理模式转变，由相对被动的静态的管理模式向主动型、动态的安全管理方式转变。

现代安全管理技术的核心是实现生产系统的本质安全化，即运用系统论、控制论和信息论、可靠性工程以及人机工程的基本理论和方法，实现生产工艺、设备、环境和人员达到最佳安全匹配状态。通过强化培训，提高职工的素质，达到职工操作无违章，从而确保安全。通过提高本质安全化水平，可最大限度地减少生产现场的事故隐患和人员的违章。

一、安全目标管理

安全目标管理是目标管理方法在安全管理工作中的应用，是以企业在一定时期内确定的安全生产总目标为基础，逐级向下分解展开，落实措施，严格考核，通过组织内部自我控制达到安全生产目的的一种安全管理方法。安全目标管理的基本内容包括：

1．安全目标体系的设立

安全目标体系包括安全目标和保证措施两部分。企业应当依据国家的安全生产方针政策、企业安全生产现状、企业安全生产中长期规划、经济技术水平等，制定出安全生产总目标。然后，按层次将目标逐级分解落实，将总目标从上到下层层展开，按纵向、横向或时序分解到各级、各部门直至每个人，制定实施目标的保证措施，形成自上而下层层保证的目标体系。一个企业的安全总目标既要横向分解到各个职能部门，又要纵向分解到班组和个人，还要在不同的年度和季度有各自的分目标。

2．安全目标的实施

安全目标的实施是指在落实安全保证措施、促使安全目标实施的过程中所进行的管理活动。在实施阶段，各单位要根据本单位的安全目标制定并实施计划方案，同时，上级对下级或个人完成计划的情况要进行监督检查，以便控制、协调、取得信息并传递反馈。

3．考核与评价

为了提高安全目标实施的效能，在目标实施过程中和完成后要对目标完成情况进行考核评价，总结经验教训，对有关人员进行奖励或惩罚，并为设立新的安全目标做准备。

二、危险有害因素辨识与安全评价

1．危险有害因素辨识

危险有害因素是指可对人造成伤亡、影响人的身体健康甚至导致疾病的因素。根据《生产过程危险和有害因素分类与代码》（GB/T 13861—2009）的规定，按可能导致生产过程中危险和有害因素的性质，将生产过程危险和有害因素共分为四大类，分别是人的因素、物的因素、环境因素、管理因素。

常见的危险有害因素辨识方法可分为直观经验分析法和系统安全分析法，直观经验分析法又有对照、经验法和类比法两种。

在进行危险有害因素辨识时，要全面、有序地识别，防止出现错漏，一般按厂址、总平面布置、道路及运输、建筑物、生产工艺过程、生产设备及装置、作业环境、安全管理等方面进行。

2．安全评价

矿山建设项目危险因素较多、危险性较大，是事故多发的领域，且一旦发生事故，不仅会给本单位从业人员的生命安全及财产造成损害，还可能殃及周围群众的生命、财产安全。要减少矿山开采活动的事故，将其危险因素降到最低，就必须在这些单位开办之初，对其建设项目的安全情况进行评价。矿山建设项目安全评价，涉及的内容很多，如水文、地质条件分析，厂址的选择、技术上的保证等，是一个系统性工作。

（1）安全评价的类别。安全评价按照实施阶段的不同分为三类：安全预评价、安全验收评价、安全现状评价。

（2）安全评价的程序。安全评价的程序主要包括：前期准备，辨识与危险有害因素分析，划分评价单元，定性定量评价，提出安全对策、措施和建议，做出安全评价结论，编制安全评价报告。

（3）安全评价方法。根据安全评价结果的量化程度，安全评价方法可分为定性安全评价和定量安全评价。

1）定性安全评价。定性安全评价法主要是根据经验和直观判断对生产系统的工艺、设备、设施、环境、人员和管理等方面的状况进行定性的分析，评价结果是一些定性的指标。属于定性安全评价的方法有安全检查表评价法、作业条件危险性评价法、故障类型和影响分析法、危险和可操作性研究。

2）定量安全评价。定量安全评价法是在大量分析实验结果和事故统计资料的基础上获得指标和规律（数学模型），对生产系统的工艺、设备、设施、环境、人员和管理等方面状况进行定量的计算，评价结果是一些定量的指标，如事故发生的概率、事故伤害（或破坏）的范围、定量的危险性、事故致因因素的关联度和重要度等。定量安全评价法可分为概率风险评价法、伤害（或破坏）范围评价法和危险指数评价法。常用的定量安全评价法有可靠性安全评价法、事故树分析法、火灾爆炸危险指数评价法等。

安全评价的内容十分丰富，安全评价目的和对象的不同，安全评价的内容和指标也不同，安全评价方法有很多种，每种评价方法都有其适用范围和应用条件。在进行安全评价时，应该根据安全评价对象和要实现的安全评价目标，选择适用的安全评价方法。

三、职业安全健康管理体系

职业安全健康管理体系（OSHMS）是指为建立职业安全健康方针和目标以及实现这些目标所制定的一系列相互联系或相互作用的要素。它起源于20世纪80年代后期，是职业安全健康管理活动的一种方式，包括影响职业安全健康绩效的重点活动和职责以及绩效测量的方法。

1. 职业安全健康管理体系的运行模式

职业安全健康管理体系运行模式的核心是为生产经营单位建立一个动态循环的管理过程，通过周而复始地进行“策划、实施、检查、改进”（PDCA）活动及PDCA循环，以持续改进的思想指导生产经营单位系统地实现预防和控制工伤事故、职业病和其他损失的目标。国际劳工组织（ILO）理事会发布的《职业安全健康管理体系导则》（ILO—OSH 2001）的运行模式为方针、组织、计划与实施、评价、改进措施；《职业健康安全管理体系》（OHSAS 18001）标准的运行模式为方针、策划、实施与运行、检查与纠正措施、管理评审，持续改进，如图2—1所示。目前，国际标准化组织（ISO）正在制定一项新的ISO 45001标准，以取代OHSAS 18001标准。

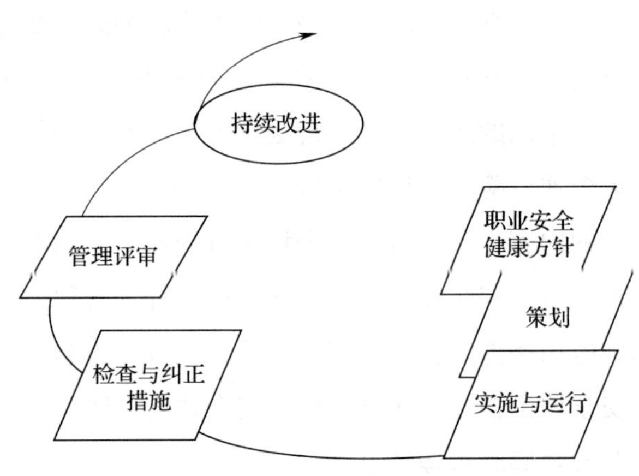

图2—1 OHSAS 18001标准的运行模式

2. 职业安全健康管理体系的基本要素和建立步骤

职业安全健康管理体系主要包括职业安全健康方针、组织、计划与实施、检查与评价、改进措施等要素。

建立职业安全健康管理体系，是根据职业安全健康管理体系的要求，对生产经营单位原有的职业安全健康管理进行修正、完善及实施的过程，主要步骤有学习与培训、初始评审、体系策划、文件编写、体系试运行、评审完善。

3. 职业安全健康管理体系审核与认证

职业安全健康管理体系审核是指依据职业安全健康管理体系标准及其他审核准则，对生产经营单位的职业安全健康管理体系的符合性和有效性进行的评价活动，使受审核方完善其职业安全健康管理体系，对工伤事故及职业病进行有效控制，保护员工及相关方的安全和健康，并实现安全健康绩效的持续改进。

根据审核方与被审核方的关系，职业安全健康管理体系审核分为内部审核和外部审核两种方式，内部审核又称为第一方审核，外部审核分为第二方审核和第三方审核。

职业安全健康管理体系认证是认证机构依据规定的标准及程序，对被审核方的职业安全健康管理体系实施审核，确认其符合标准要求而授予其认证证书和认证标志的活动。

四、安全生产标准化

安全生产标准化，是指企业通过建立安全生产责任制，全员全过程参与，建立安全生产各要素构成的企业安全生产管理体系。使各生产环节符合有关安全生产、职业病防治法律法规和标准规范的要求，人、机、环处于受控状态，实现安全健康管理系统化、设备安全本质化、作业环境定置化，并持续改进。

开展企业安全生产标准化建设是落实企业安全生产主体责任，强化企业安全生产基础工作，提高企业本质安全程度，建立安全生产长效机制，有效防范事故发生的重要手段。

2006 年，国家安全生产监督管理总局制定发布了金属非金属矿山安全标准化规范、导则和地下矿山、露天矿山、尾矿库、小型露天采石场实施指南等系列安全生产行业标准。2011 年，按照《国家安全监管总局关于进一步加强非煤矿山安全生产标准化建设工作的通知》（安监总管一〔2011〕104 号）有关要求，国家安全监管总局组织修订了《金属非金属地下矿山安全生产标准化评分办法》《金属非金属露天矿山安全生产标准化评分办法》《尾矿库安全生产标准化评分办法》《小型露天采石场安全生产标准化评分办法》，要求矿山企业按照对应的评分办法进行安全生产标准化创建工作。

2014 年，国家安全监管总局印发了《企业安全生产标准化评审工作管理办法（试行）》（安监总办〔2014〕49 号）通知，以规范和加强企业安全生产标准化评审工作，推动和指导企业落实安全生产主体责任。

2010 年 7 月，国务院发布了《关于进一步加强企业安全生产工作的通知》（国发〔2010〕23 号），其中第七条“全面开展安全达标”中明确提出：深入开展以岗位达标、专业达标和企业达标为内容的安全生产标准化建设，凡在规定时间内未实行达标的企业要依法暂扣其生产许可证、安全生产许可证，责令停产整顿；对整改逾期未达标的，地方政府要依法予以关闭。

国家从 2008 年起在矿山行业开展安全生产标准化考评工作，通过企业达标创建、标准化考评、全面贯彻安全生产法律法规和技术标准，不断提升矿山企业的安全生产管理和本质安全水平，促进安全生产形势稳定好转。

五、企业安全文化

1. 安全文化的起源及概念

在世界工业生产范围内，有意识并主动推进安全文化建设源于高技术和高危的核安全领域。安全文化的概念最先由国际原子能机构（IAEA）组建的国际核安全咨询组（INSAG）于1986年针对前苏联切尔诺贝利事故，在INSAG－1（后更新为INSAG－7）报告中提到“苏联核安全体制存在重大的安全文化的问题”。1991年出版的INSAG－4报告给出了安全文化的定义：安全文化是存在于单位和个人中的种种素质和态度的总和。

安全文化有广义和狭义之分。广义的安全文化是指在人类生存、繁衍和发展的历程中，在其从事生产、生活乃至实践的一切领域内，为保障人类身心安全（含健康）并使其能安全、舒适、高效地从事一切活动，预防、避免、控制和消除意外事故和灾害（自然的、人为的或天灾人祸的）；为建立起安全、可靠、和谐、协调的环境和匹配运行的安全体系；为使人类变得更加安全、康乐、长寿，使世界变得友爱、和平、繁荣而创造的安全物质财富和精神财富的总和。

狭义的安全文化是指企业安全文化。关于狭义的企业安全文化，英国安全健康委员会（HSC）的定义为：一个单位的安全文化是个人和集体的价值观、态度、能力和行为方式的综合产物。《企业安全文化建设导则》（AQ/T 9004—2008）给出了定义：被企业组织的员工群体所共享的安全价值观、态度、道德和行为规范组成的统一体。

安全文化的内容十分丰富，主要包括：一是处于深层的安全观念文化；二是处于中间层的安全制度文化；三是处于表层的安全行为文化和安全物质文化。

2. 安全文化的作用

安全文化的作用是通过对人的观念、道德、伦理、态度、情感、品行等深层次的人文因素的强化，利用领导、教育、宣传、奖惩、创建群体氛围等手段，不断提高人的安全素质，改进其安全意识和行为，从而使人们从被动地服从安全管理制度，转变成自觉主动地按安全要求采取行动，即从“要我安全”转变成“我要安全”。企业安全文化的建设能提高企业的凝聚力，对员工有很强的吸引力和无形的约束作用，能激发员工产生强烈的责任感。

3. 安全文化建设的基本内容

企业安全文化建设过程中，要充分考虑内外部的文化特征，引导全体员工的安全态度和安全行为，实现在法律和政府监管要求基础上的安全自我约束，通过全员参与实现企业安全生产水平持续提高。

企业安全文化建设基本要素：安全承诺，行为规范与程序，安全行为激励，安全信息传播与沟通，自主学习与改进，安全事务参与，审核与评估。

企业安全文化建设要制定推动企业安全建设的长期规划与阶段性计划，提供充分的保障条件，选拔和培训一批能够有效推动安全文化建设的骨干。

六、危险预知活动

危险预知活动是在班组长主持下进行的群众性的危险预测预防活动，是控制人为失误、提高职工安全意识和安全生产技能、落实安全技术操作规程、进行岗位安全教育、实现“三不伤害”的重要手段，适用于程序性不强、一般性的作业。

危险预知活动包括危险预知训练和工前五分钟活动两个步骤。危险预知训练利用安全活动日进行，主要有如下内容：

（1）明确作业地点、作业人员和作业时间。

（2）了解作业现场状况。

（3）对可能引发事故的原因进行全面的分析。

（4）分析潜在的事故模式（指可能引发事故的原因的组合）。

（5）提出事故预防措施。

（6）确定危险性最大的隐患和不安全行为及其预防措施。

在进行危险预知训练活动的时候，以五六人为宜，选出一人主持，一人记录，一人负责讲解，要求每一个人都要发言，不得对发言的对错进行批评。

工前五分钟活动是利用作业前的较短时间，在作业现场对有关的作业人员、工具、对象、环境进行“四确认”，并将危险预知训练活动提出的事故预防措施落实到作业中去。

七、5S 活动

5S 活动包括“整理、整顿、清扫、清洁、素养”5 个阶段，是在日本广泛开展的一项安全活动，因其每个词日语中罗马拼音的第一个字母均为“S”，简称为 5S。开展 5S 活动的目的是：搞好现场文明生产，改变工作环境，养成良好的工作习惯和生活习惯，提高工作效率和工人的素质，确保安全生产。要创建无事故、舒适而明快的工作环境场所，关键在于及时处理无用物品，理顺有用物品，做到物品的拿取简单方便，安全保险。凡严格实行5S的单位，其安全卫生效果显著。

5S的基本要求是：

整理——分开有用物品和无用物品，及时处理无用物品。

整顿——有用物品须分门别类，拿取简单，使用方便，安全保险。

清扫——随时打扫和清理垃圾、灰尘和污物。

清洁——经常保持服装整洁，工作场所干净。

素养——人员遵章守纪，领导率先垂范，养成习惯。

第六节　安全员的工作方法

在安全工作中，广大安全员尽职尽责，为使企业职工免遭事故伤害付出了大量的精力，也总结出了很多行之有效的工作方法。

一、安全员工作方法

1. 依靠职工，相互团结

常言道：“一个篱笆三个桩，一个好汉三个帮”“众人拾柴火焰高”“团结就是力量”“人心齐，泰山移”。所有这些都说明了依靠职工、搞好团结的重要性。

依靠职工、相互团结的一个重要方法，就是遇事同大家商量，尊重职工的意见。安全员不能只听顺耳意见，不听逆耳意见，即使是错误意见，也要耐心进行说服教育，引导职工正确对待。搞好团结的主要技巧有以下几点：

（1）开诚布公。有问题摆到桌面上来，讨论时要从工作出发，不感情用事。要实事求是，不隐瞒自己的观点。处理问题时要以理服人，不以权势压人。开展教育批评时，要从团结的愿望出发，不整人、不伤人、不夸大事实，对人对己都一分为二。

（2）出于公心。要有安全成绩归功于大家、缺点错误主动承担责任的风格，多做自我批评。发现职工有违章的苗头，安全员要及时进行批评教育，将事故隐患消灭在萌芽状态。

（3）办事公平。不能厚此薄彼，亦亲亦疏，更不能对合得来的职工亲如兄弟，对其违章行为装聋作哑，甚至为其遮盖；对合不来的职工则视若仇人，对其缺点、错误添油加醋，给予不恰当的批评。

2. 抓好典型，以点带面

“榜样的力量是无穷的”“要使火车跑得快，全靠车头带”。抓先进典型，是提高安全工作水平的一条重要途径。因此，安全员要通过抓先进典型，来以点带面、以点促面。

3. 运用激励，强化动力

搞好安全工作的内在动力是全体职工的责任感和积极性。运用激励机制，是调动职工群众积极性的有效方法。

4. 突出重点，“弹好钢琴”

讲究工作艺术，是安全员做好安全工作的一个重要方面。安全工作的内容相当广泛，若安排不当，就会出现顾此失彼的现象。解决这个问题的办法，就是学会“弹钢琴”。弹钢琴要求十个手指的动作有节奏，互相配合。安全工作也是一样，要抓住重点，有主有次，不能眉毛胡子一把抓。安全员如果抓不住工作重点，那就等于捡了芝麻丢了西瓜。当然，其他方面工作的配合和协调也要抓好，不能有的动有的不动，把其他工作丢掉。

二、安全员工作经验荟萃

1．安全员工作中的“多”

（1）工作中坚持“五多”

1）多学习提高。学习是提高能力的基础和前提。随着安全管理要求的不断提高和安全科技的不断进步，安全员如若不重视加强学习，其素质就难以达到岗位工作要求。因此，要通过学习政策法规，不断提高思想认识，增强做好工作的光荣感、责任感和使命感；通过学习业务知识，不断把握对安全工作规律性的认识，提高工作的科学性、规范性和系统性；通过学习实践技术，不断提高发现隐患、治理隐患和处置突发问题的能力。

2）多借鉴他人经验。安全工作要克服经验主义，但绝对不是不讲究经验，安全工作中的实践经验对做好工作确实具有积极的指导作用。安全员在实际工作中不能故步自封、妄自尊大，既要向本班组有实践经验的师傅学习，掌握一两手技巧、绝活，提高实战能力；又要经常走出本班组、本单位，向兄弟班组和他人学习借鉴先进的管理经验，把别人的经验、方法与本班组的实际结合起来，不断提高班组安全管理水平。

3）多与职工沟通。安全员要养成民主管理作风，日常工作中注重听取职工的意见和建议，通过交流、座谈讨论、班务公开等多种方式征集职工的合理化建议，集中职工的智慧。同时，通过与职工交流，既可以及时掌握其思想动态，对存在的不稳定情绪进行正确引导，消除思想上的误区，还可以把自己的工作思路与职工进行深入的沟通、探讨，以赢得理解与配合，不断取得职工对安全员工作的支持。

4）多请示汇报。安全员作为安全工作的责任人，所负责的仅是全局安全工作的一部分。要通过经常性的请示汇报，下情上传，使领导和管理部门对生产一线的安全工作情况准确把握，为领导决策提供第一手信息，赢得领导对基层安全工作的支持；上情下达是将领导的决策和工作意图及时传达到职工之中，不断提高工作的及时性、实效性、针对性和执行力。

5）多开展活动。安全员要不断创新安全管理的方式方法，如果工作总是按部就班，缺少创新，就容易使职工产生麻痹和疲劳心理。可通过开展案例分析、知识竞赛、故事演讲、岗位互检、现场参观、技术比武、难题攻关、预案演练等多种方式，增强工作的新颖性、趣味性和灵活性，不断提高大家做好安全工作的热情。

（2）工作中坚持“多动”

1）多动脑。头脑空空是做不好工作的。安全员要胜任本职工作、做出成绩，就要注意发现工作中出现的问题，多动脑勤思考，不断积累和总结工作经验，努力改进管理方法。

2）多动手。安全员不仅要当好指挥员，更要当好战斗员。工作中要勤于动手，和职工一起开展设备维护、技术革新、隐患整改、岗位练兵和技术比武等活动，共同提高实践技能。

3）多动口。安全员要当好宣传员，通过不同形式及时向职工传达上级对安全生产工作的重要部署和具体要求，宣传企业的规章制度。安全员还要当好辅导员，利用班前会对安全操作规程、技术要领和应急预案进行讲解；利用班后会对当班职工的安全工作情况进行总结，肯定成绩，指出问题，鼓励先进，鞭策落后，推动职工共同进步。

4）多动眼。安全员要勤于观察，及时发现职工的不稳定情绪，做好思想工作，消除安全隐患。安全员还要及时发现职工在生产过程中的不安全行为，随时加以纠正；及时发现设备运行中的隐患，及时加以排除。

5）多动腿。安全员不能当“脱产干部”，坐在办公室内遥控指挥抓安全，而要多走动，深入作业现场、操作岗位和班组职工当中，勤检查，勤沟通，多指导，多帮助，和职工打成一片。

6）多动笔。安全员要养成勤记工作笔记的习惯，把上级安排的工作和自己想到的事情随时记录下来，以避免工作中的遗漏和差错。安全员还可以把工作和学习中的点滴体会记录下来，利用下班时间再仔细翻阅，为以后的工作提供思路。

2. 安全员工作中的“会”和“明”

（1）工作中坚持“四会”

1）会学。这是当好安全员的首要因素。在安全生产方面，安全员对上是智囊，对下是权威，失去了技术指导的安全员，其权威性就会大打折扣。生产中除了违章行为有明显的表现外，许多事故隐患并不明显，要发现各种设备存在的事故隐患，就必须具有扎实的专业功底。因此，必须有针对性地学习专业知识和管理方法。首先，明确学习重点，知道自己缺什么。其次，明确学什么，应针对安全员所承担的安全管理、监督、服务、指导等职责，学习企业管理知识，学习新技术、新工艺，为安全生产打牢基础。最后，明确怎样学，要在自身学习的基础上，指导、帮助职工共同学好安全知识。

2）会查。生产作业中，及时发现人的不安全行为和物的不安全状态，是安全员的一项重要工作内容。首先，要具有敏锐的观察能力，善于抓苗头，查明安全规章、技术措施是否落实，做好事前控制，同时要留心职工的思想动态，消除麻痹思想。其次，能够发现安全管理中存在的问题，进行有针对性的改进，或者向领导提出合理化建议，进行相应的调整。

3）会说。首先，对违章现象要会说，即对存在的问题、违章行为要说到点子上，说出危害性，让违章的职工真正有所醒悟。教育、批评时要掌握火候，不要只讲大话、大道理，对不同的人要采取不同的方式，因人而异，因事而异，如对重点关注的人要经常提醒，重点防范；对一般人要注意观察，多加提醒，特别是上岗前的提醒，往往比当场训斥好得多。其次，对管理中的问题要会说，即当好参谋，对安全管理各个环节中存在的问题，能提出切实可行的整改意见和建议。

4）会抓。安全员要对整个安全生产过程进行监督，包括安全制度的建立、各种安全规章制度的执行。首先，要抓规章制度的建立，创新安全管理的理念和模式，大胆探索安全管理的方式和方法。其次，要抓规章制度的落实，重点帮助新工人树立安全意识，帮助老职工建立习惯性的安全思维，着重纠正习惯性违章，培养职工遵章守纪的习惯。再次，要抓职工的培训教育，通过收看安全警示片，开展安全知识问答等活动，确保学习效果落到实处。最后，定期组织职工对安全生产提出合理化建议，调动职工的积极性和能动性，群策群力搞好安全生产。

（2）工作中坚持“四明”

1）思想上要明“理”。安全工作是人命关天的大事。作业岗位是安全生产事故的多发地带，操作工人往往是事故的行为人或伤害对象。因此，保安全就是保生命、保健康、保利益。安全员要对安全工作的重要性有清醒的认识，要以为职工谋利益的态度做好本职工作。

2）工作上要明“责”。安全责任重如泰山，安全工作人人有责。只有职工齐心协力，个个遵章守纪，人人尽职尽责，才能实现岗位安全。因此，安全员除了履行好自己的职责，还要让岗位工人都能明确岗位责任，个个成为安全人。

3）行为上要明“策”。岗位安全靠规范管理，须讲究策略，注重发挥人的主观能动性。安全员要以实际行动发挥自己的感召力，带动岗位工人做好安全工作。

4）管理上要明“情”。安全员在安全管理中要注重人性化，不仅要用规章制度教育人，还要以情感人，关心职工的思想和生活。同时，还要采取激励机制，通过检查考核、评比表彰等形式，激励员工做好安全工作。

3. 安全员工作中的“不”

安全员作为生产现场安全管理的第一“执行官”，其工作优劣决定了企业安全规章制度、安全措施的落实，决定着职工的生命安全，关系到企业的生产效益，因此安全员要敢于打破情面，坚持做到“三不当”和“三不”。

（1）工作中坚持“三不当”

1）不当“睁眼瞎”。安全员在工作中要理直气壮地管安全，不怕得罪人。如果不敢讲、不敢管，怕得罪人，做“睁眼瞎”，对隐患视而不见，那就是不称职的安全员。这样的安全员形同虚设。

2）不当“老好人”。为做到安全无事故，安全员在检查安全时要从严从细入手，深挖细查，不留死角。要避免走马观花，本着“宁可信其有，不可信其无”的原则，对可查可不查的坚决要查，对查出的安全隐患与事故苗头要做到跟踪整改，对严重的违章事件一追到底，绝不姑息，勇于当“恶人”。

3）不当“乌龟腿”。安全员要经常到生产现场去“挑刺儿”，发生紧急情况时应及时赶赴现场处理，所以要练就两条“兔子腿”，而不当“乌龟腿”，慢慢吞吞。安全员还要做到“小题大做”，要把安全上的“小事”当“大事”来抓，做到急事急办。

（2）工作中坚持“三不”

1）不甘平庸、勇于创新。随着企业生产条件、工艺技术和职工队伍的不断变化，对安全工作的要求也在不断变化。所以安全员必须在实践中不断转变思想观念，改变原有的思维定式，以新的视角看待过去的老经验、老方法，以新思想、新理念、新举措去做安全工作。

2）不尚空谈、埋头苦干。安全工作是一项具体工作，没有真抓实干的认真精神，再好的设想也只能是空想。埋头苦干就是要以身作则，认真做好分内的每一件事情，执行好操作规程规定的每一个步骤，在对待规章制度上不越雷池半步，在遵守劳动纪律上不钻一点空子，要求别人不做的，自己坚决不做，以模范遵守各项规定和踏实做好每一项工作的实际行动为职工树立榜样。

3）不畏艰难、百折不挠。安全工作长期性、艰巨性、复杂性的特点，决定了抓安全不是一朝一夕的事，必须牢固树立长期作战的思想，必须有坚韧不拔的毅力，面对问题处变不惊、从容应对，努力克服厌倦情绪和疲劳心理，持之以恒地做实做好各项安全工作。

第三章 安全基础知识

第一节 安全色与安全标志

一、安全色

1. 安全色

安全色是表达安全色与对比色的，是定义安全信息含义的颜色。用以表示禁止、警告、指令、指示等。其作用在于使人们能够迅速发现或分辨安全标志和提醒人们注意，以防发生事故。它不包括灯光、荧光颜色和航空、航海、内河航运以及为其他目的所使用的颜色。

2. 对比色

对比色是使安全色更加醒目的反衬色。

安全色规定为红、蓝、黄、绿四种颜色。其用途和含义，见表3—1。

表3—1　　安全色的用途和含义

颜色	含义	用途举例
红色	禁止 停止	禁止标志 停止信号：机器、车辆上的紧急停止手柄或按钮，以及禁止人们触动的部位 红色也表示防火

续表

颜色	含义	用途举例
黄色	警告 注意	警告标志 警戒标志：如危险作业场所和坑、沟周边的警戒线 行车道中线 机械上齿轮箱的内部 安全帽
蓝色	指令 必须遵守的规定	指令标志：如必须佩戴个人防护用具 道路指引车辆和行人行驶方向的指令
绿色	提示 安全状态 通行	提示标志 车间内的安全通道 行人和车辆通行标志 消防设备和其他安全防护装置的位置

注：(1) 蓝色只有与几何图形同时使用时，才表示指令。

(2) 为了不与道路两旁绿色树木相混淆，道路上的提示标志用蓝色。

二、安全标志

1. 安全标志的定义和作用

安全标志是由安全色、几何图形和图形符号所构成，用以表达特定的安全信息。此外，还有补充标志，它是安全标志的文字说明，必须与安全标志同时使用。

安全标志的作用，主要在于引起人们对不安全因素的注意，预防发生事故。但不能代替安全操作规程和防护措施。

2. 安全标志的类别

安全标志分为禁止标志、警告标志、指令标志和提示标志四类。

具体如下：

（1）禁止标志。禁止标志的含义是不准或制止人们的某种行动。其图形和含义如图 3—1 所示（注：图形为黑色，禁止符号与文字底色为红色）。

图 3—1　禁止标志

（2）警告标志。警告标志的含义是使人们注意可能发生的危险，如图 3—2 所示。

图 3—2　警告标志

(3) 指令标志。指令标志的含义是告诉人们必须遵守的意思，如图 3—3 所示。

图 3—3　指令标志

(4) 提示标志。提示标志的含义是向人们提示目标的方向。

三、其他与安全有关的色标

除了上述规定的安全色和安全标志外，在工厂里还有一些色标与安全有关。这些色标，经常见到的主要是气瓶、气体管道和电器供电汇流条等方面的漆色。这些漆色代表着一定的含义。一见到它们，就能迅速加以判别。这对预防事故、保证安全是有好处的。现将这些色标简述如下：

1．气瓶的色标

为了能迅速地识别气瓶内盛装的介质，《气瓶颜色标志》(GB/T 7144—2016)，对气瓶外表面的颜色和气瓶上字样的颜色做出了规定。人们常用的气瓶的色标见表3—2。

表3—2　　气瓶漆色

气瓶名称	外表面颜色	字样	字样颜色
氢	深绿	氢	红
氧	天蓝	氧	黑
氨	黄	液氨	黑
氯	草绿	液氯	白
压缩空气	黑	空气	白
氮	黑	氮	黄
二氧化碳	铝白	液化二氧化碳	黑
氩	灰	氩	绿
乙炔	白	液解乙炔	红
石油气	铝白	液化石油	红

2．管道的色标

管道的色标，目前虽然还没有统一的标准，但习惯上的用法主要是：蒸汽管道（指水蒸气）为红色，压缩空气管道为黄色，氧气管道为天蓝色，乙炔管道为白色，自来水管道为黑色。

3．供电汇流条的色标

在工厂内，变电所的母线汇流条，以及车间的配电箱的汇流条等都漆有色标。主要是：A相母线为黄色，B相母线为绿色，C相母线为红色，地线为黑色。

第二节　电 气 安 全

一、电的危害

1．电流对人体伤害的形式

随着科学技术的发展，金属非金属矿山的电气化程度不断提高。由于电具有传递速度快、形态特殊（看不见、听不见、闻不着、摸不着）、转化形式多样、网络性强等特点，如果电气设备的结构和装置不完善或操作不当就会引起电气事故，影响生产，甚至危及人身安全。

电流对人体的伤害有三种形式：电击、电伤和电磁场生理伤害。

（1）电击。电击是指电流通过人体内部，能使肌肉产生突然收缩的效应，并出现痉挛、血压升高、心律不齐、心室颤动等症状，不仅使触电者无法摆脱带电体，而且还会造成机械性损伤。电流对人体的损伤程度与电流通过人体的大小、持续时间、途径和人体电阻及人体健康状况有关。电击是触电伤害的主要形式。当人体触及带电的导线、漏电设备的外壳或其他带电体时，以及由于雷电或电容器放电，都可能导致对人体的电击伤害。

（2）电伤。电伤是指电流的热效应、化学效应和机械效应对人体外部造成的伤害。主要包括电弧灼伤、电烙印、皮肤金属化、电光眼等。电伤在人体触电事故中危害较轻。电击和电伤在高压触电事故中可能同时发生。

（3）电磁场伤害。电磁场伤害是指在高频磁场的作用下，人会出现头晕、乏力、记忆力减退、失眠、多梦等神经系统的症状。

2. 电气事故的类型

电气事故主要包括触电事故、残余电荷电击事故、电磁场伤害事故、感应电压电击事故、静电事故、雷击事故、电路故障引发的电气火灾和爆炸事故、危及人身安全的电气线路事故等。

触电事故一般是指人体触及带电物体时，电流对人体所造成伤害的事故。触电还容易因剧烈痉挛而摔倒，导致电流通过全身并造成摔伤、坠落等二次事故。按照人体触及带电体的方式，触电事故又可分为单相触电、两相触电、跨步电压触电三种情况。

3. 矿山触电事故的特点

（1）从作业人员的类别来看，非电气操作人员中，低压触电事故较多；电气操作人员中，高压触电事故较多。

（2）从作业来看，带电作业死亡人数最多，其次分别是手持长杆接触带电体、误登带电线杆和设备、误入带电间隔、设备漏电及误触电。

二、矿山电气安全措施

在矿山电气设备及线路维护检修及停送电等作业中，为了确保作业人员的安全，应采取必要的安全管理措施和安全技术措施。

1. 矿山电压等级

（1）露天矿和矿井地面高压电力网的配电电压，一般采用 6 kV 和 10 kV，井下一般采用 6 kV。

（2）井下低压网络的配电电压一般采用 380 V 和 660 V。露天矿和地下矿的地面低压配电一般采用 380 V 和 380/220 V。

（3）井下手持式电动工具的额定电压应不大于 127 V。露天矿场手持式电动工具的电压应不大于 220 V。

（4）照明电压。有爆炸危险的矿井，一般采用127 V（工作面和流动作业用矿灯照明）；无爆炸危险的矿井，运输巷道、井底车场应不超过220 V；采掘工作面、出矿巷道、天井和天井至回采工作面之间应不超过36 V；露天矿照明电压为380/220 V。露天和井下行灯电压为36 V。

（5）井下信号电源电压一般采用127 V，远距离控制线路的电压一般为36 V。

（6）在金属容器和潮湿地点作业，安全电压不得超过12 V。

2. 电气安全技术

（1）绝缘、屏护和安全距离。绝缘、屏护和安全距离是最为常见的安全措施，是防止人体触及或过分接近带电体造成触电事故以及防止短路、故障接地等电气事故的主要安全措施。绝缘是用绝缘材料把带电体封闭起来。屏护是用遮拦、护罩、护盖以及箱匣等将带电体与外界隔离开来。安全距离是带电体与设备、设施之间，以及作业时人员与带电体之间要保持一定的间距，以防止电气短路和放电伤人。

（2）工作接地。低压供电系统的中性点接地方式有两种：一种是将配电变压器的中性点通过金属接地体与大地相接，称为中性点直接接地方式；另一种是中性点与大地绝缘，称为中性点不接地方式。由于矿山井下环境恶劣，对安全用电要求特别高，为此，金属露天矿山采场内以及井下禁止采用中性点直接接地的供电系统。地面供电系统一般采用中性点直接接地系统。小型矿山为了实现地面和井下分开供电，而又不增加供电容量，可采用“矿井安全供电隔离器”。

（3）保护接地和保护接零。为了避免触电事故的发生，最常用的保护措施是接地和接零。保护接地是把电气设备中正常不带电而在故障状态下带电的金属部分通过接地装置（由接地体和接地线组成）进行接地，如图 3—4 所示。该法适用于中性点不接地系统。

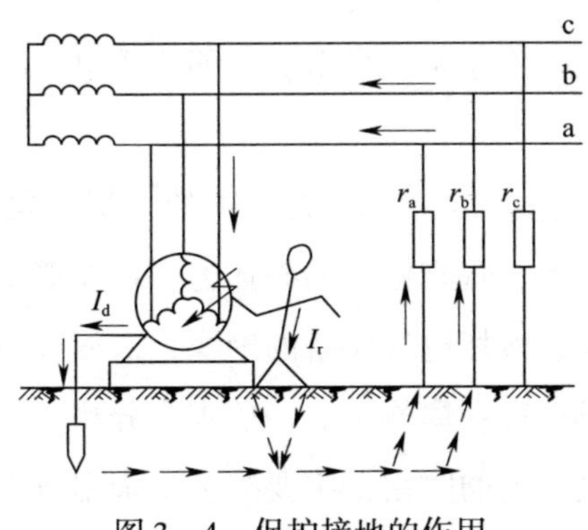

图 3—4　保护接地的作用

保护接零是在 380/220 V 的三相四线制中性点接地的供电系统中，将电气设备的金属外壳与中性点接地的零线连接起来的连接方式，如图 3—5 所示。保护接零一般需与短路保护装置同时使用。

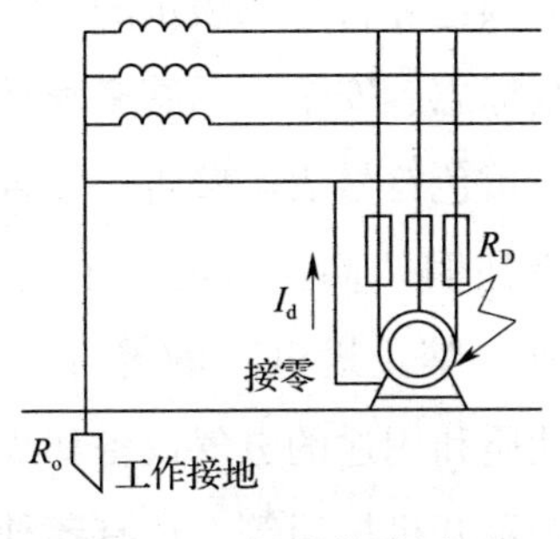

图 3—5　保护接零原理

（4）漏电保护。为了防止电网漏电及由此造成的危害，以及人触及带电体时造成的触电事故，应装设漏电动作保护器。

（5）过电流保护。过电流是指电气设备或线路的电流超过规定值，一般有短路和过载两种情况。短路和过载都将使电气设备或线路发热超过允许限度，从而引起绝缘损坏、设备或线路烧毁，甚至引起火灾事故。为了保障安全可靠供电，电网或用电设备应装设过电流保护装置。

（6）防雷电措施。雷是一种大气中的云层放电现象。这种放电时间短促、电流极大，具有极大的破坏力，可在瞬间击毙人畜、焚毁房屋和其他建筑物、毁坏电气设备的绝缘，造成大面积、长时间的停电事故，甚至造成火灾和爆炸事故，危害十分严重。防雷电包括电力系统的防雷和建筑系统的防雷，主要措施是采用避雷针和避雷器。

（7）安全电压。在各种不同环境条件下，人体接触到带有一定电压的带电体而不会受到任何伤害，该电压称为安全电压。我国规定的安全电压为 42 V、36 V、24 V、12 V、6 V 五个等级。

（8）安全标志。电气安全标志的作用是警示作用，或者指示作用，一般是通过不同的颜色和符号来表示的。警示作用的安全标志一般是采用安全色、安全标志、安全告示牌来表示的，如红色或红色的符号表示禁止，黄色或黄色符号表示警告，警告牌或警告提示，如闪电符号，在高压电器上注明“高压危险”的警告语，检修设备的电气开关上挂“有人作业，禁止送电”的警告牌等。指示作用是用不同的颜色来表示不同性质和用途的电气设备和线路，如红色按钮表示停机按钮，绿色按钮表示开机按钮等。还有各种用途的电气信号指示灯。

3. 安全组织措施

电气作业应加强电气安全组织措施，严格执行工作票制度、工作监护制度。

（1）工作票制度。工作票制度是指在电气设备上进行任何电气作业，都必须填写工作票，并根据工作票布置安全措施和办理开工、终结等手续。工作票上要写明工作任务、工作时间、工作地点、停送电范围、具体安全事项、工作负责人等内容。同时，签发人和工作负责人要在票上签字。签发人必须根据工作票的内容安排好各方面的协调工作，避免误送电，造成触电事故。检修完毕，应仔细检查被检修设备和线路，确认安全后，方可按送电程序送电。

（2）工作监护制度。工作监护制度是电气作业人员在作业或操作的整个过程中受监护人员的监督和保护，以保证电气作业人员规范操作、防止粗心大意，或避免对电气设备的技术性能及线路的状况不了解而造成误操作，并随时提醒工作人员遵守有关的安全规定。如果万一发生事故，监护人员可采取紧急措施，及时处理，避免事故扩大。

4. 电气作业安全措施

在电气设备和线路上工作，尤其是在高压场所工作，必须完成停电、验电、放电、装设临时接地线、悬挂警告牌、装设遮拦等保证安全的技术措施。

（1）停电。对所有可能来电的线路，要全部切断，且应有明显的断开点。与停电设备有关的变压器与电压互感器，必须从高、低压两侧断开，防止其向被检修设备反送电。为了防止误合闸事故，应断开开关和刀闸的操作电源，并锁住刀闸操作把手。

（2）验电。对已停电的线路要用与电压等级相适应的验电器进行验电。

(3) 放电。其目的是消除被检修设备上残存的电荷。放电可用绝缘棒或开关来进行操作。要注意线与地之间、线与线之间均应放电。对于残存电荷较多的电容器，应采用专门的放电设备放电。

(4) 装设临时接地线。为防止作业过程中意外送电和感应电，要在检修的设备和线路上装设临时接地线和短路线。

(5) 悬挂警告牌和装设遮拦。在被检修的设备和线路的电源开关上，应加锁并悬挂“有人作业，禁止送电”的警告牌。对于部分停电的作业，安全距离小于0.7 m的未停电设备，应装设临时遮拦、并悬挂“止步，高压危险”的标示牌等。

三、矿山电气事故原因及防范措施

1. 矿山触电事故

(1) 矿山电气事故原因分析

1) 作业人员安全意识不强，缺乏安全用电知识，安全措施不到位，作业时误触带电体，金属杆及潮湿杆件触及电机车滑触线等带电导线，导线断落后误触或碰及人身。

2) 作业人员违反电气安全操作规程，电气设备或线路检修等作业没有执行工作票和监护制度，没有执行停电、验电、放电、装设接地线、悬挂标识牌及装设栏杆等技术措施，或者检修作业时误送电。

3) 电缆受损或绝缘击穿，电缆在带电情况下拆装移位，电缆头放炮等。

4) 电气元件带电部位裸露，外壳破损，外壳接地不良，作业人员违规操作，粗心大意。

5) 设备和线路电气设备有缺陷或接地不良，安装不当，检查、维修不善，带病运行等。

6）手持电动工具、移动式电气设备、携带式电气设备本身破损漏电，接线错误或接地不良、导线破损。

7）临时用电时乱接乱拉，超负荷运行，野蛮施工，接地不良，强行用电。

8）电气设备金属外壳接地不良，漏电跳闸，绝缘损坏，保护装置选择不当、调整过大致电气设备金属外壳带电。

9）电源电压、电气设备等方面的选用与所处的环境条件不相符。如一些矿山在工作面没有使用安全电压供电，巷道中没有使用矿用橡套电缆。

10）使用了安全性能不合格的设备、器具，缺乏必要的安全保护装置。

11）设备使用不当，超载运行。

12）井下作业环境不良。如井下作业环境阴暗潮湿、空间狭小、电气线缆悬挂低矮，这是导致井下人员触电伤亡的重要因素。

（2）矿山触电事故的防范措施

1）建立健全电气安全管理制度、电气安全操作规程、维护检修规程及电气作业组织措施。

2）电气作业人员应经培训考核，取得特种作业操作证方可上岗。非电气作业人员不得从事电气作业。

3）电气作业时，严格执行安全操作规程，落实安全组织措施和安全技术措施。

4）加强对电气设备及电缆的巡视检查，进行周期检测，对有缺陷及不合格的电气设备及时予以维护检修。

5）电气设备外壳应接地良好。不得随便乱动或私自修理电气设备。

6）严格管理临时用电，禁止乱接乱拉，临时用电线路应经验收合格后方可使用。

7）经常接触和使用的配电箱、配电板、闸刀开关、按钮、插座、插销以及导线等，应保持完好，不得有破损，不得将带电部分裸露出来。

8）熔断器、熔丝、熔片、热继电器等保险装置，使用前必须进行核对。严禁用铜丝等代替熔丝。

9）在带电设备周围不得使用钢卷尺和带金属丝的线尺。

10）在导线、电气设备、变压器、油开关附近，不得有损坏电气绝缘或引起电气火灾的热源。

11）在使用手持式电动工具时，应安装漏电保护器，工具外壳要进行保护接地，移动工具时要防止导线被拉断。

12）在雷雨天不要走进高压电杆、铁塔、避雷针的接地导线周围 20 m 以内。当遇到高压线断落时，在落点周围 10 m 以内不许人畜进入；若已进入危险区域且感觉到有跨步电压作用时，应赶快将双脚并在一起或用单腿跳离危险区。

2. 矿山电气火灾事故

由于使用、维护不当，矿山电气设备、照明设备、电动工具等会发生火灾事故。其原因通常是：设备选用不当；线路年久失修，绝缘老化造成短路；超负荷运行；维修不善导致接头松动；电气设备积尘、受潮，热源接近电器、接近易燃易爆物；通风散热不良；电焊火星引燃易燃物等。

从井下矿山调查的情况看，低压橡套电缆着火事故最多，占 70% 以上，其他依次是铠装电缆着火、矿用变压器着火、灯泡和电炉采暖着火、其他（架线电机车等）着火事故等。

矿山电气火灾的预防措施主要有：

（1）应选用合格的矿用不延燃橡套电缆，电缆的悬挂应符合《金属非金属矿山安全规程》（GB 16423—2006）的要求。

（2）避免外力打击电缆，开关在跳闸后，不查明原因不得反复强行送电。

（3）电缆不准成堆堆放或压埋，电缆接线盒附近不得存放易燃物。

（4）要正确掌握电缆的连接方法，不能用捆接法和压接法。

（5）矿用变压器使用的绝缘油应定期化验，不合格的应及时更换。

（6）井下不准用灯泡、电炉取暖。

（7）机电硐室应采用不燃物支护，不准存放易燃物料，要设防火门。

（8）进行电焊作业应办理动火证，并采取防火措施。

（9）在一些重要场所应按照有关规定安设烟雾报警装置。

第三节　机 械 安 全

一、机械伤害的原因

各类机械在运转中，对人体的伤害有碰伤、压伤、轧伤、挤伤、卷缠伤等。造成伤害的主要原因如下：

（1）违章操作，如机床加工时，操作者戴手套、穿松散的衣服、女车工长发未盘入工作帽内，操作时不慎被机床卷缠伤。

（2）操作方法不当，站立位置不合适，人体易受伤害的部位接触机械运动部件致伤。

（3）机械运转时进行维修、保养、打扫卫生、误入危险区域等。

（4）机械缺乏必要的安全防护装置，或安全防护装置损坏。

（5）机械设备自身有故障。

（6）机械的传动装置和控制装置损坏、失灵。

（7）操作手柄及按钮设计不当，使操作者费力，容易疲劳。

（8）部分机件受损，断裂飞出。

（9）物体从高处坠落。

（10）机床加工工件时，未将工件固定牢崩出或加工的铁屑飞出致人伤害。

（11）机械设备安装不当，安全距离不符合要求。

（12）机械设备安装的地点环境不佳，如照明不良、空间狭窄、噪声大、潮湿、通风不良、材料堆放不合理等，影响操作人员的安全作业。

二、矿山机械设备的安全管理

设备管理是通过一系列技术、经济、组织措施，对设备的选型、安装、使用、维修、改造更新直至报废的全过程进行综合管理，以实现设备综合经济效益最高的目标。为了能科学地对设备进行管理，矿山企业应建立下列主要制度。

1. 设备管理制度

设备管理制度的主要内容包括设备管理的组织机构和管理人员的职责，设备管理过程中各个环节的管理制度、管理方法和程序以及有关的经济技术指标和要求等。

2．设备使用和维护保养制度

要充分发挥设备的效能和保证安全使用，必须正确使用和精心维护保养设备。因此，矿山企业应建立以岗位责任制为中心的设备使用和维护保养制度，内容包括各种设备操作人员培训、考核、持证操作制度，设备安全操作（使用）规程，日常点检（巡回检查）和维护保养制度以及交接班制度等。

3．设备维修制度

为了搞好设备维修，保持设备技术状况良好，应建立设备维修制度。其主要对象是设备维修人员，内容包括设备的计划检修及故障修理等方面的组织、计划、实施及有关要求等。

4．设备事故管理制度

设备事故管理制度包括设备事故的统计、报告、分析处理和制定防范措施等内容。设备事故是指生产过程中，由于设备的原因而使生产突然中断的事故。设备事故的分级，主要是以造成的经济损失为划分标准，一般可分为重大事故和一般事故两个级别。对于设备事故的考核指标，各矿山企业不完全相同，主要是依据“千元产值事故损失率”，以事故损失金额与产值比较，作为考核设备事故的指标。

三、机械设备的安全要求

1．设备性能的要求

确保设备的技术性能完好，符合国家标准。

2．操作系统的要求

（1）工人操作的位置应舒适，安全可靠。

（2）操作手柄及按钮应机动灵活。

3．传动装置的要求

（1）机械的传动皮带、齿轮及联轴器等旋转部位应装设防护罩。

（2）对易于接近的部位要设置栏杆或栅门隔离，并涂上醒目的安全色以警示行人注意安全。

4．控制机构的要求

（1）机械加工时应设有防止意外启动而造成危险的保护装置。

（2）为了保证控制线路在线路损坏后不至于发生危险，必须设有可靠的保护装置。

（3）当设备的电源偶然切断时，制动夹紧动作不应中断，电源又能重新接通时，设备不得自动启动，对危险性较大的设备尽可能配置监控装置。

5．安全防护装置的要求

（1）安全防护装置应结构简单、布局合理，不得有锐利的边缘和突缘。

（2）具有足够的可靠性，在规定的使用期限内有足够的强度、刚度、稳定性、耐腐蚀性、抗疲劳性，以确保安全。

（3）防护装置应与设备运转连锁，保证安全防护装置未启用之前，设备不能运转。

6．紧急停车开关

（1）紧急停车开关应保证瞬间动作时，能终止设备的一切运动，对有惯性运动的设备，紧急停车开关应与制动器或离合器连锁，以保证迅速停止运动。

（2）紧急停车开关应安装在操作人员易于接触处，开关的颜色为红色。

7．限位装置

如限位器、限位开关等，用来防止机械超过极限的范围。

8．防过载装置

用于限制机械超负荷运行或机械超载自动停机。

9．报警装置与仪表

（1）在设备上装设各种必要的报警连锁装置，当设备处于危险状态时，能自动报警，此时操作者采取果断措施进行处理，避免事故的发生。

（2）各种仪表和指示器要醒目、直观，易于辨认。

10．安全距离

机床安装的安全距离与工作地防护安全。

11．保持良好的作业环境

良好的作业环境是确保机械安全的因素之一，因此，作业场地应有符合规定的安全通道，照明良好，材料、工具摆放整齐，噪声不超过85 dB（A），通风良好等。

四、设备检修的要求

要保证设备有良好的技术性能，除了自身设计与制造质量外，很重要的一环是加强对设备的维护检修工作，检修设备时应注意如下事项：

（1）检修连接电源的机械设备，必须切断电源，并在断电处挂上“有人工作，禁止送电”的警示牌，或在电源开关上上锁，防止误送电操作。

（2）在检修时，需要起重机械起吊，事先应认真检查起重机械的钢绳有无断丝，制动装置是否良好，被吊的机件捆扎是否牢靠，检查完毕符合起吊要求，方可起吊。

（3）吊物时，必须由有起重资格证书的起重工指挥，严禁非起重工指挥吊车起吊。

（4）在2 m（含2 m）以上的高处检修设备时，必须佩挂安全带。

（5）设备检修完后，应认真检查被修的设备，确认无隐患后，方可开启设备试机运转。

（6）检修完毕，所有设备的安全保护装置必须恢复，并保证齐全、灵敏、可靠。

第四节　防火安全

一、火灾发生的条件

火灾发生条件是：有可燃物，如煤气等；有助燃物质，如空气中的氧等；有点火源，如明火、静电、电火花、冲击摩擦热、雷电、化学反应热、高温物体及热辐射等。

二、火灾的危害

由于矿山行业易燃、易爆物品较多，发生火灾后影响范围较大，后果严重，可能造成人员中毒窒息、设备损坏、环境污染等而导致停产等事故。

三、预防火灾事故注意事项

1．应注意用火防火的场所

应注意用火防火的场所包括油库、变压硐室、机修硐室、炸药库、化验室、材料库房等。

2．安全消防制度

三级动火管理制度。内容包括一级动火范围、二级动火范围、三级动火范围、动火批准权、动火申请手续、动火责任制、动火安全措施七个方面。

（1）凡属下列情况之一的动火，均为一级动火。

1）禁火区域内。

2）油罐、油箱、油槽车和储存过可燃气体、易燃液体的容器及与其连接在一起的辅助设备。

3）各种受压设备。

4）危险性较大的登高焊、割作业。

5）比较密封的室内、容器内、地下室等有限空间。

6）现场堆有大量可燃和易燃物质的场所。

（2）凡属下列情况之一的动火，均为二级动火。

1）在具有一定危险因素的非禁火区域内进行临时焊、割等用火作业。

2）小型油箱等容器用火作业。

3）登高焊、割等用火作业。

（3）在非固定的、无明显危险因素的场所进行用火作业，均属三级动火作业。

3．常用灭火方法

（1）发现火势较大，不能自行补救时，要立即报告消防部门。

（2）电器灭火方法。断电灭火是常用的方法，在切断电源以后，可用普通的方法灭火。在不能停电的情况下，用“1211”、二氧化碳、化学干粉等不同类型的灭火剂灭火。

严禁使用水和泡沫灭火剂，因为它们都有导电的危险，会造成触电事故。

（3）油管、油门阀、地面起火，可用黄沙灭火。

（4）乙炔着火，首先关闭阀门，同时将黄沙或其他阻燃物盖在火处。如不能扑灭，应使用二氧化碳或干粉灭火剂灭火，严禁使用“1211”灭火剂。

（5）因氧气助燃引起着火，应先关闭阀门，切断电源，然后灭火。

4. 灭火器材的使用方法

（1）消火栓的使用方法。室内消火栓一般都设置在建筑物公共部位的墙壁上，有明显的标志，内有水龙带和水枪，当发生火灾时，找到离火场距离最近的消火栓，打开消火栓箱门，取出水带，将水带的一端接在消火栓出水口上，另一端接好水枪，拉到起火点附近后方可打开消火栓阀门。注意：在确认火灾现场供电已断开的情况下，才能用水进行扑救。

（2）灭火器的使用方法。灭火器的使用方法相同，将灭火器提到起火地点附近，站在火场的上风头，进行如下操作：①拔下保险销；②一手握紧喷管；③另一手捏紧压把；④喷嘴对准火焰根部扫射。

5. 参加灭火的注意事项

火场是人员多、情况复杂的场所。要迅速有效地扑救火灾，必须统一指挥，才能保证灭火战斗的整体性和协调性，避免影响扑救效力，更好地完成灭火工作。灭火的注意事项如下：

（1）一切行动听指挥。

（2）注意自身安全，避免伤亡。

（3）用水扑救带电火灾时，必须先将电源断开，严禁带电扑救。

（4）使用水龙带时防止扭转和折弯。

（5）灭液体火灾时（汽油、酒精）不能直接喷射液面，要由近向远，在液面上 10 cm 左右扫射，覆盖燃烧面切割火焰。

（6）注意保护现场，以利于火因调查。

第五节 起重作业安全

起重机械是矿山生产不可或缺的生产设备。正确使用起重机械和吊装方法，可以实现生产过程的机械化、减轻体力劳动、提高生产率。若起重机械的设计、使用、维修、操作不当，就会造成各种人身伤亡事故。

一、起重机械概述

起重机械按其构造类型可分为轻小起重设备、升降机和起重机。

（1）轻小起重设备：千斤顶、电动或手拉葫芦、绞车、滑车等。

（2）升降机：垂直升降机、电梯等。

（3）起重机：桥架类型起重机、臂架类型起重机以及桥架与臂架类型综合的起重机，例如，在装卸桥上装有可旋转臂架的起重机，在冶金桥式起重机上装有可旋转小车等。

二、起重作业的特点及常见起重事故

1. 起重作业的特点

（1）吊物具有很高的势能。

（2）起重作业是多种运动的组合。

（3）作业范围大。

（4）多人配合的群体作业。

（5）作业条件复杂多变。

总之，重物在空间的吊运、起重机的多机构组合运动、庞大金属结构整机移动性，以及大范围、多环节的群体运动，使起重作业的安全问题尤其突出。

2. 起重机可能发生的事故类型

起重机械可能发生的事故类型主要有触电、高处坠落、坍塌、机械伤害、物体打击等。

三、起重机安全管理

（1）起重机使用单位应当严格执行有关安全生产的法律、法规及标准规范，必须购置有安全技术监督检验合格证书的产品。安装前应经有资质的检验机构检验合格，到当地特种设备安全监督管理部门登记。

（2）起重机械的安装、修理工作必须由取得许可证书的起重机械安装、修理单位进行。

（3）使用单位要建立安全管理规章制度，包括：司机守则；起重机安全操作规程；起重机维护、保养、检查和检验制度；起重机安全技术档案管理制度；起重机作业和维修人员安全培训、考核制度。

（4）起重机的司机，挂钩工、指挥工、维修工必须进行专门培训，并经特种设备安全监督管理部门考核合格，领取《特种设备作业人员证》后，方可上岗操作。起重机作业人员应了解国家有关法规、规范、标准，所使用的起重机的结构、工作原理、技术性能及安全防护装置的性能，掌握安全操作规程、指挥信号、保养维修知识、应急处置等相关知识。

（5）起重机司机须严格执行交接班制度，并做好交接记录；当班司机应认真填写交接班记录，发现异常，及时报修，严禁心存侥幸，不报修或晚报修。

（6）起重机使用单位要经常检查起重机的运行和完好状况，包括年度检查、每月检查、每周检查和每日检查。经检查发现起重机有异常情况时，必须及时处理，严禁带病运行。

（7）起重机使用单位应建立起重机安全技术档案，其内容包括：设备出厂技术文件；安装、修理记录和验收资料；使用、维护、保养、检查和试验记录；产品安全质量监督检验证书；设备及人身事故记录；设备的问题及评价。

（8）起重机使用单位必须在检验有效期前一个月向特种设备检验检测机构申请在用起重机械安全技术检验。在用起重机械安全定期监督检验周期为两年，升降机安全定期监督检验周期为一年。

四、起重机安全操作

1．安全操作要求

（1）无特种设备作业人员证不准开车，上班时需穿戴好防护用品。

（2）上下桥式起重机需使用门限止开关。起重机停稳后方可上下，严禁跨越起重机栏杆。

（3）桥式起重机运行时，应先做升降和前后左右的空车运行，对制动器、限位装置的安全保险做实验，并检查钢丝绳等。如发现有故障，要修复后再使用。

（4）操作时，马达一响，集中思想，注意信号工发出的各种信号。不准与他人谈话、开玩笑、吸烟、看书报杂志、玩手机游戏等，防止意外发生。

(5) 驾驶室内只准一人操作。特殊情况（如培训等）须两人操作时，事先要做好安排，不得擅自启动设备。

(6) 桥式起重机在起重作业时，不准调动主、副钩子刹车装置，起重机开启时，不准上小车进行维修工作。

(7) 起吊重物时，起动要慢，逐级加快；制动要平衡，避免重物摇晃。

(8) 物体未离地面时，不要起步行驶，以免吊物甩荡伤人。严禁斜拉歪掉。

(9) 吊运容易溅出、有危险性的液态物质时，要连续发出警铃，待无关人员离开危险区域后，才能起吊。

(10) 在吊运物件时，不得让人站在被吊物上，也不得让地面操作人员在吊物下进行作业。

(11) 当作业暂停或司机暂离驾驶室时，应将吊钩、吊具保持适当高度，并使开关保持零位，落下电源总闸刀，以防误碰开关启动电源，造成坠钩事故。

(12) 严禁把限制装置合并使用，不准把限制器当保险用。

(13) 在吊物过程中如发生电压下降、制动器失灵等情况，应连续紧急鸣铃，通知地面人员迅速离开，同时用手柄控制，一面升高，一面找安全地点放置吊物。

(14) 起重机操作工须做到“十不吊”：一超负荷不吊；二无人指挥不吊；三手势不清不吊；四物件上站人不吊；五危险物品无措施不吊；六埋在地下的物件情况不明不吊；七冒险作业不吊；八吊运工具不符合要求不吊；九捆扎不牢不吊；十吊物从人头上越过不吊。

（15）停车抢修时要严格执行“开动牌”制度。驾驶员收到开动牌后，才能试车操作。

2. 应急处置措施

（1）由于台风、超载等非正常载荷造成起重机倾翻事故时，应及时通知有关部门和起重机制造、维修单位维保人员到达现场，进行施救。当有人员被压埋在倾倒的起重机下面时，应先切断电源，采取千斤顶、起吊设备、切割等措施，将被压人员救出。在实施处置时，必须指定1名有经验的人员进行现场指挥，并采取警戒措施，防止起重机倒塌、挤压事故的再次发生。

（2）发生火灾时，应采取措施施救被困在高处无法逃生的人员，并应立即切断起火设备的电源开关，防止电气火灾蔓延扩大；灭火时，应防止二氧化碳等中毒窒息事故的发生。

（3）发生触电事故时，应及时切断电源，对触电人员进行现场救护，预防因电气而引发的火灾。

第六节　压力容器安全

一、矿山行业压力容器的种类

压力容器就是内部有压力的密闭容器，矿山行业中常用的压力容器有氧气瓶（外表为天蓝色）、二氧化碳气瓶（外表为铝白色）、乙炔瓶（外表为白色）。

二、可能发生的事故类型

如果使用压力容器的方法不当可能发生爆炸、火灾、中毒窒息等事故，可能造成人员伤亡和财产损失。

三、预防事故发生的注意事项

（1）使用压力不能超过设计压力，否则，会使压力容器发生破裂。

（2）压力容器必须定期检查内外焊缝有无裂纹，如存在裂纹，需及时处理。

（3）安全阀、压力表、防爆泄压片等安全装置要按照国家的有关规定进行定期检查，加强保养，保持灵敏、可靠。没有安全装置的压力容器不得使用。发现安全装置失灵，要及时修理或更换，压力容器的表面要经常保持清洁。

（4）压力容器变形，有严重缺陷时（不太严重的局部凹陷除外），不宜继续使用。

（5）气瓶禁止猛烈敲击、碰撞，以免引起应力集中，发生爆炸事故。

（6）禁止把气瓶放在烈日下暴晒，或靠近火炉及其他高温热源。气瓶内的气体变热后膨胀，增大气瓶内的压力，有爆炸的危险。

（7）瓶内气体不能用空，须留 1 ~ 1.5 kg/cm^2 压力余气，并要专瓶使用。

（8）开阀时，应慢慢开启，放掉水汽，吹净灰尘，再关闭阀门待用。手上或工具上沾有油脂时，不能操作氧气瓶。

（9）各种气瓶要有专用的减压器。氧气和可燃气体的减压器不能互用。

（10）乙炔气瓶使用时严禁横放，瓶体温度不能超过 40℃。遇瓶冻结时，严禁用火烤，可用 40℃以下的温水解冻。

（11）氧气瓶、乙炔气瓶应分置存放，间距大于 5 m。氧气瓶、乙炔瓶离明火距离不小于 10 m。氧气瓶和乙炔瓶不能同车运输。

第七节 焊割作业安全

焊接是通过加热或加压，或两者并用，并且用或不用填充材料，使焊件达到原子结合的一种金属材料连接方法。热切割是指利用集中热能使材料熔化或者燃烧并分离的方法。在焊割作业过程中，焊工与各种易燃易爆气体、压力容器和电气设备相接触，同时还会产生有毒气体、有害粉尘、弧光辐射、高频电磁场、噪声和射线等，有可能发生爆炸、火灾、烫伤、中毒、触电和高空坠落等事故，焊工还身受尘肺、慢性中毒、血液疾病、电光性眼病和皮肤病等职业危害。

一、焊割方法

焊接方法有熔化焊、压力焊、钎焊三种。热切割方法有气割（火焰切割）、等离子弧切割、电弧切割、激光切割等方法。

二、焊割作业安全措施

由于焊接与切割工艺复杂、技术性较强，因此焊割作业发生事故较多。为了确保焊工的安全与健康，避免事故的发生，焊工在焊割操作时必须遵守如下规定。

（1）焊工属国家规定的特种作业人员，必须经专业培训，考试合格，取得《特种作业操作证》，方能上岗。

（2）必须全面掌握焊割操作技能，熟知焊割安全规程、规定，并能及时排除常见故障。

（3）上岗按规定穿戴好劳动防护用品，并携带所需符合标准的焊割用具。

1. 气焊与气割安全措施

(1) 气焊与气割工作现场，必须备有消防器材，如消火栓、砂箱、灭火器、储水池等。

(2) 在可燃物品附近进行气割与气焊时，必须有一定的安全距离，一般不得小于10 m。

(3) 在露天场地进行气焊与气割时，必须搭设临时挡风装置，以防火星飞溅，引发火灾。当风力超过5级时，禁止焊割作业。

(4) 炎热的夏天，在露天场地进行气焊与气割时，应设置防止强烈阳光暴晒氧气瓶的措施，避免氧气瓶因温度过高发生爆炸事故。

(5) 焊割完毕，应将乙炔发生器的电石篮取出，把未用完的电石放置在安全的地点，并将器体冲洗干净，以备后用。此外要认真检查操作现场，确认无起火危险因素后，方可离开现场。

2. 电弧焊接的安全措施

(1) 上岗必须穿绝缘鞋、戴绝缘手套。如需照明，应使用36 V的安全照明灯。

(2) 电焊所用的工具必须绝缘，设备必须有良好的接地装置。

(3) 焊接现场附近不得有易燃、易爆物品。如电焊与气焊在同一场地进行时，电焊设备与气焊设施、电缆和气焊胶管都应分离开，相互安全距离不得小于5 m。焊接操作时，必须戴防护面罩、防护眼镜、防护口罩，穿防护工作服。

(4) 定期检查各类电焊机、电焊工具和线路的安全情况，并检验测定电焊设备的接地电阻和绝缘电阻，检查焊接电缆、导线的布设是否符合安全用电的规定，以及焊机、电气装置等带电体的屏护、间隔、连锁装置是否安全可靠等。

（5）电焊设备的护罩、护盖、箱匣等必须完好无损，确保带电体和外界很好隔绝开。

（6）电焊机应放在通风、干燥的地点，并放置平稳。需在露天作业时，要做好防雨防雪工作。

（7）要定期清扫电焊机的灰尘，保持焊机清洁。焊接时如发生故障，应及时停止焊接，进行修理。在检修或不进行焊接时应切断电源。

三、焊割防火防爆安全技术

焊工在焊割操作中，因操作方法不当，工作失误或焊割设备、焊割工具自身的缺陷，以及焊割场所环境不良等因素，容易引发火灾事故或爆炸事故。矿井中的电焊作业常引起井下火灾，产生的烟气危害极大，往往造成人员大量中毒窒息死亡。为了控制事故的扩大，避免人员的伤亡，减少国家财产的损失，必须及时灭火或采取果断措施处理爆炸事故，并制定有效预防火灾和爆炸事故的措施。

1. 防灭火措施

（1）预防火灾的措施

1）特殊焊割之前应严格按照动火制度的要求办理动火手续，并经本单位安全部门和消防部门检查确认同意后，方能进行焊割操作。

2）焊割场地应根据消防需要，配备必要的灭火器材，并有专人负责管理，积极预防。

3）电焊、气焊与气割的操作地点与乙炔瓶（或乙炔发生器）、氧气瓶、氢气瓶及其他可燃物之间的安全距离不得小于 10 m，以防飞散的火花、熔融金属或赤热的熔渣接触可燃气体或其他易燃物而引起火灾。若在野外或高处进行焊接作业时，刮风可以使火星飞出较远，更应警惕。

4）乙炔发生器与氧气瓶之间的距离必须在 5 m 以上，电石库与明火的距离不得小于 30 m。

5）在中心乙炔站、氧气站、液化石油气站、油库或存放其他化学易燃品的库房内严禁进行焊接或切割作业，更不允许在盛装汽油、煤油、挥发性油脂等容器上动火。

6）电焊设备置于高空动火的下部，应设专人看管，以备发生火灾或其他紧急情况时立即断电。

7）电焊设备应选择合适的熔断器；焊机不得超负荷使用，以免导线发热过多，烧坏胶皮或引燃附近的可燃物。

8）焊机及焊接电缆要求绝缘可靠，以免短路起火。地线不能接在有可燃物质的管道上，也不能在别的物件上乱接乱搭，以防接触电阻过大引起火灾。

9）被焊物件上若有未干的涂料，不宜进行焊接，以防发生火灾。

10）红热的焊条头不能乱扔，以免引燃近处的可燃物。禁止在木质地板上进行焊接作业。

11）在井下、管道等狭窄地点焊接时，必须事先检查内部是否存在可燃物质，焊接时应加强通风。

12）焊割作业后，焊机应立即断电，乙炔发生器的残余物应倒在指定的安全地点。离岗前，应认真检查周围是否留下火种，判断是否有余烟或烧焦气味，使用完的工作服及其他防护用品应检查确认无带火迹象后，才能收拾存放。

（2）灭火措施

1）隔离法。将可燃物与着火源隔离，使燃烧停止。

2）窒息法。消除助燃空气、氧气或其他氧化剂，使燃烧不能继续。或者用惰性介质冲淡助燃物，使燃烧得不到足够的氧化剂而熄灭。例如，将四氯化碳灭火剂喷洒在燃烧物表面，使之不和助燃物接触；用不能燃烧的材料严密捂盖燃烧物等。

3）冷却法。将燃烧物质的温度降至燃点之下，使火熄灭，或将临近火场的可燃物温度降低，避免扩大形成新的燃烧条件。

4）抑制法。在燃烧的火焰中加入化学抑制物，使燃烧连锁反应迅速中止将火扑灭。此法使用1211灭火剂等。

2. 焊割防爆措施

焊割防爆的主要内容为：防止爆炸性物质泄漏、消除各种着火源、使用惰性物质抑制爆炸发生、防止爆炸事故蔓延扩大、泄放爆炸压力、设置安全隔断等。具体防爆措施如下：

（1）电石库、可燃气瓶库等具有爆炸危险的场所严禁焊接、气割或吸烟。进入该区域的人员不准带火柴、打火机等火种，不得穿化纤衣服，不准穿底部带有钉子的鞋。

（2）使用各种防爆电气设备，如防爆电机、防爆开关、防爆接线盒、防爆灯具、防爆控制器、防爆仪表、防爆电源及用电设备等。

（3）当物体的电阻率比较高或导体处于绝缘状态时，便可发生静电积聚，成为危险的着火源。消除静电危害的方法有接地、改变材料电阻率、添加抗静电剂及安装静电消除器等。

（4）拉合开关时，应防止产生火花或弧光，以免引起邻近可燃物或可燃气体、蒸气等爆炸混合物爆炸。

（5）严禁在尚有压力的容器或管道上进行焊接，不得在未经清洗的油罐或盛装其他可燃介质的容器上进行焊接。

(6) 在容器内进行焊接或切割时，焊枪或割炬应随操作者携带，严禁将焊枪或割炬放在容器内而擅自离去，以防混合气体燃烧或爆炸。

(7) 乙炔发生器和氧气瓶等不应放在空气不流通的场所，不得放置在高压线或吊车滑线下面，不得靠近火源或高压设备，不得放置在烈日下暴晒。

(8) 开启电石桶时，不得猛力敲击，以防产生火花而引起爆炸。

(9) 尽量采用爆炸极限小的可燃气体气焊或气割，以减小爆炸的危险性。

第四章 露天矿山开采安全

第一节 矿山地质安全知识

为了进行矿床的开采，必须掌握一定的矿山地质知识。矿山地质条件直接决定了矿山的安全生产条件，如矿床的赋存条件直接决定了矿床的开采方式，地下矿山的各种采矿方法也决定于矿床的开采技术条件。矿岩的硬度与稳定性、断层破碎带以及地下水更是直接影响到矿山的开采安全。因此，矿山地质工作对保证矿山安全生产具有重要意义。

一、矿产与矿床

矿物是由一种或多种化学元素在地质作用中形成的天然产物，具有一定的形态和物理化学性质。矿物的绝大多数是固态（铜矿、铁矿、石英），也有液态（石油）和气态（天然气）。目前自然界中已知的矿物有 3 000 多种，能被利用的约 200 多种，其中最常见的金属非金属矿物有黄铁矿、黄铜矿、铅锌矿、磁铁矿、石英、云母、石灰石等。

矿产是指埋藏在地壳内能为人类所利用的有用矿物资源或矿物集合体。我国将矿产资源分为以下四类：

1. 能源矿产

能源矿产包括煤、煤层气、石煤、油页岩、石油、天然气、油砂、天然沥青、铀、钍、地热等。

2. 金属矿产

金属矿产包括铁、锰、铬、钛、铜、铅、锌等黑色金属、有色金属、稀有金属和贵金属。

3. 非金属矿产

非金属矿产包括金刚石、石墨、磷、自然硫、硫铁矿、钾盐等，按工业用途可分为冶金辅助原料、化工原料、特种非金属矿产（钻石等）、陶瓷及玻璃原料、建筑材料。

4. 水气矿产

水气矿产包括地下水、二氧化碳气、硫化氢气、氦气、氡气等。

地壳内部或表面富集的，在目前的技术经济条件下符合开采和利用要求的、有用矿物的聚积体称为矿床。一个矿床可由一个或几个矿体组成，矿体具有一定的大小、形状和产状（走向、倾向和倾角），是开采的直接对象。

矿体周围无经济价值的岩石（废石）称为围岩。矿体上部的围岩叫上盘围岩或顶板，矿体下部的围岩叫下盘围岩或底板。

二、矿床的分类

1. 按矿体的形状分类

可以把矿床分为层状矿床、脉状矿床和块状矿床。

2. 按矿体的倾斜角度分类

（1）水平矿体：矿体倾角小于5°。

（2）缓倾斜矿体：矿体倾角为5°~30°。

（3）倾斜矿体：矿体倾角为30°~55°。

（4）急倾斜矿体：矿体倾角大于55°。

3. 按矿体厚度分类

（1）极薄矿体：厚度在0.8 m以下。

（2）薄矿体：厚度为0.8~5 m。

（3）中厚矿体：厚度为5~15 m。

（4）厚矿体：厚度为15~50 m。

（5）极厚矿体：厚度在50 m以上。

三、地质构造

地壳自形成以来，由于受到各种动力的作用，各部分都在进行着长期的、缓慢的运动，促使地壳的结构变化和发展，引起这种变化的运动称为构造运动。由于构造运动的影响，使地壳岩层发生倾斜、弯曲和断裂，这些岩层在地壳中的存在状态就是地质构造。主要包括褶皱、断层等。

1. 褶皱构造

层状的岩石由于受到了地壳运动的影响，形成了波状起伏的弯曲形态，但其连续性和完整性没有受到破坏，这种构造叫褶皱构造，如图4—1所示。褶曲是褶皱中的一个弯曲，是褶皱的基本单位。

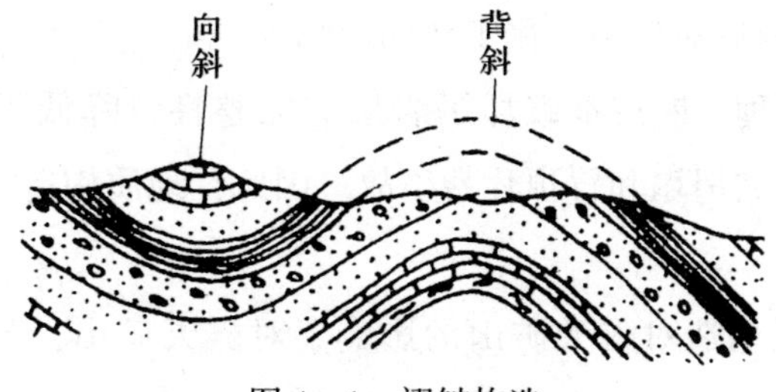

图4—1　褶皱构造

2. 断裂构造

组成地壳的岩石受到地质构造力作用以后，岩石的连续完整性受到破坏，使岩石发生了断裂和错动，这种构造称为断裂构造。断面没有显著位移的断裂构造称节理，有显著位移的称断层。

(1) 节理。节理就是岩石中的裂隙，是岩石产生断裂后，沿断裂面没有明显的位移。此断裂面称为节理面。岩层中节理主要表现为长短不等、疏密不定，或相互平行，或纵横交错的裂缝。

(2) 断层。断层是岩层在构造应力作用下，发生了断裂并有显著位移的断裂构造。断层破坏了沿层的连续性，其规模大小不一，小的断层延长只有几米，相对位移只有几厘米，大的断层可延续几百至上千千米。

图 4—2 是断层的四种类型。

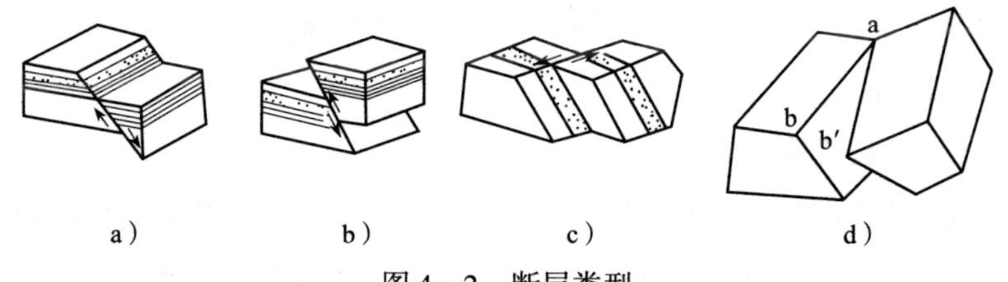

图 4—2 断层类型

a) 正断层 b) 逆断层 c) 平移断层 d) 旋转断层

3. 地质构造对矿山采掘工作的影响

褶皱、节理、断层都破坏了岩层的完整性，降低了岩体的稳定性，易诱发边坡坍塌和冒顶片帮事故。因此，地质构造对矿山安全生产影响很大。

(1) 地质构造对露天矿山的影响。对露天矿山，节理、断裂影响边坡的稳定性，特别是受爆破和地下水与地表水的影响，容易导致边坡发生滑坡和坍塌事故，所以露天开采要注意边坡角的选择。

（2）地质构造对地下矿山的影响。在断裂和节理发育的地段进行采掘作业时，容易发生冒顶片帮事故，必须加强支护和顶板管理。支护时应根据节理的密度和方向，选择适当的支护方式。对顶板节理发育的巷道，工作面支架不能用顶柱，而要用棚子，且支架要密，顶柱不能平行于节理的主要方向安置。布置掘进巷道和回采工作面时，最好与主要节理面垂直或成锐角。

采掘过程中如遇断距较大的断层，应尽可能把它作为划分采场的边界，以减少对回采工作的影响。遇到较大的断层破碎带要加强支护。对宽度比较大的破碎带，必须采取特殊措施才能通过破碎带。在回采过程中新发现的断层要及时处理，以免造成大的危害。

节理特别是张节理很发育的地段，不应采用空场法，而应采用充填法和崩落法；在某些壁式崩落法采场，应适当缩小放顶距离。断裂构造发育地段，空场法、长壁采矿法不能应用，必须采用充填法和崩落法。

（3）地质构造对地下水的影响。由于节理、断层发育区往往是地下水发育的地区，也是地下水的良好通道，容易引起井下透水事故。在过断层或在断层附近采矿时，当采掘过程中涌水量增加时，应加强突水预兆的观察和防排水工作。

四、矿床水文地质

矿床在开采过程中，地下水、地表水以及大气降水通过岩石的空隙，以滴水、淋水、涌水和突然涌水等方式流入露天矿坑和地下巷道中，这种水叫作矿坑水。矿山在建设和开采过程中，矿坑水除了增大建设投资和生产成本外，还给矿山安全生产造成危害。

1. 地下水源

造成矿坑水害的水源类型有大气降水、地表水、地下水。地下水按照其埋藏条件的不同，可划分为上层滞水、潜水和承压水，按储水空隙特征又分为孔隙水、裂隙水、岩溶水和老空水。

(1) 地下水。某些矿床、矿体本身就含有较大的空隙，其中充满了地下水，这些水在开采矿产时，直接流入矿坑，成为涌水的水源。某些矿体的围岩具有较大的空隙，饱含地下水，当它们与矿坑连通时，也成为矿坑的水源。根据含水空隙的性质，地下水可分为孔隙水、裂隙水和岩溶水。

孔隙水，是指松散沉积岩层中所含的水，以及岩石孔隙中所含的水。这种水源的水量一般比较小。在开采松散沉积层中或接近松散沉积层内的矿产时，常遇到这种水源。我国曾发生过冲积层补水突水事故，还发生过流沙冲溃事故。

裂隙水，是指埋藏于坚硬岩石的裂隙中的地下水。有风化裂隙水、成岩裂隙水和构造裂隙水三种情况。坑道揭露含有裂隙水的矿体和围岩时，裂隙水便会涌入坑道，形成矿坑涌水。它和岩溶水相比，涌水量较小。裂隙水的水压可以很高，但水量较小。当裂隙水和其他水源有联系时，会造成淹井事故；无联系时，矿坑的涌水量逐渐减少，甚至干涸。我国大部分金属矿床都分布有层状及脉状裂隙水。

岩溶水，是指埋藏于岩溶性溶洞中的水。岩溶溶洞是由碳酸岩类岩石溶蚀和冲蚀而成，一般较孔隙、裂隙大，所以岩溶水埋藏深、水量大、水压高、来势猛、涌水量稳定、不易排干。在岩溶发育地区，岩溶水对矿床开采威胁大。我国岩溶水分布较普遍。

此外，废旧矿坑和巷道由于长期停止排水，其中积满了水，这种水叫作废旧矿坑积水，也叫老窿水、老窑水。当生产坑道接近它的时候，这些水便成为突水的水源。这类水源突水的特点是，短时涌水量大，来势猛，具有很大的破坏性，容易造成淹井事故。同时，水的酸性强，具有腐蚀性，常伴随有毒有害气体涌出，危害性很大。

（2）地表水。开采位于海、河、湖泊和水库等地表水体影响范围内的矿产时，在一定的条件下，这些水便能流入坑道，成为矿坑充水甚至淹井的水源。我国很多矿床周边常有中、小河流和水库分布，它们多流经和存在于透水性良好的沙砾岩层上，为地表水下渗造成有利条件。多数季节性河流在旱季地表虽断流，但河床地下水依然大量流动，仍可起到不断补给地下水的作用。在研究地表水体对矿坑充水的影响时，要注意研究地表水与坑道之间的地层和构造的关系，以及所采用的采矿方法。

（3）大气降水。大气降水的渗入是矿坑充水的经常性补充水源之一，开采位于低地且埋藏较浅的矿床，在无其他水源的情况下，大气降水将是矿坑充水的主要来源；开采高于河谷地段的矿床，大气降水将是矿坑充水的唯一水源。大气降水有明显的季节特征，夏天雨季，山区可能形成洪水，威胁矿山安全。

2. 矿坑充水的影响因素

矿坑充水的原因是很复杂的，既受充水水源的影响，同时还受岩性、矿区地表地形和地质构造以及人为等因素的影响。

（1）地质构造及岩性的影响

1）岩石越疏松，孔隙度越大，透水性越强。反之则透水性弱。如流沙层、疏松碎屑状岩体，当有固定的补给水源时，则涌水量特别大，可造成流沙的冲溃。黏土质一般为隔水层。

2）当矿岩构造中的导水岩层、裂隙、断裂、岩溶溶洞发育时，就有可能加大矿床的涌水量，特别是一些巨大的断裂带和岩溶溶洞，往往含水量很大，危害极大。岩溶溶洞可以是细小的溶孔到巨大的溶洞，可以彼此连通，形成巨大的地下河，可储存大量的地下水或沟通其他水源，当采掘工作接近或揭露它们时，易造成灾难性突水。

3）一般地，随着岩层深度的增加，岩石的裂隙逐渐减少，涌水量也逐渐减少；但是，由于地下岩层压力或地下水的静水压力的作用，可促使坑道底板产生裂隙，沟通底板下部的含水层、含水断层带或溶洞水，使矿坑水增加或造成突水事故。

（2）大气降水和地表水体的影响

1）矿区地形、开采方式对大气降水和地表水体深入矿坑影响较大。一般，沼泽、低洼地区容易汇水，该场所的矿坑由大气降水和地表水引起的涌水也较多。露天矿坑和采用崩落法采矿的地下矿坑，大气降水可直接涌入矿坑。

2）地下开采的矿坑，大气降水和地表水渗入量随开采深度的增加而逐渐减少。若覆盖层的稳定厚度超过 5 m，地下水几乎不能向下渗透。如有巨大通道，如断裂、流沙层时，则易发生灾难性的突水。

3）地表的河流、水库、湖泊等水体距矿坑（矿体）越近，充水越严重，矿坑涌水越严重。

4）矿坑涌水量随季节性变化以及区域降雨量的影响明显，雨季坑道涌水量较平均涌水量大 20% ~40%，有时甚至大两三倍。

（3）人为因素的影响

1）不适当的开采方式，如采用崩落法，造成地表裂隙、塌陷，使地下水、地表水以及大气降水涌入矿坑，造成突水。

2）勘探钻孔如不封闭或封闭不严，也会成为沟通矿坑顶、底板含水层或地表水的通道。

3）废旧矿坑积水如不处理，也会溃入开采坑道，对安全生产造成严重影响。

3. 矿坑水的危害

矿坑水的危害主要有：

（1）在建井时期，当涌水量过大时，需要采取治理措施，增加投资，妨碍施工进度，影响建井质量。

（2）在露天矿山，地下水往往破坏边坡的稳定，造成边坡坍塌和滑坡事故，影响正常生产，甚至被迫停产。

（3）矿坑水降低坑道的顶板、底板和边帮的稳固性，增加支护和维护的难度。

（4）当地质情况不清，突然遇到大量涌水时，会造成井下采场、巷道淹没事故，造成大量人员伤亡和设备毁坏。据统计分析，井下透水事故是我国地下矿山危害较严重的事故之一，虽然其发生率不是很高，但每起事故死亡的人数较多。如2001年7月17日广西南丹县大厂矿区拉甲坡矿特大透水事故一次死亡81人。

（5）具有侵蚀性的矿坑水能腐蚀露天矿坑和井巷中的金属设备（如轨道、支架和各种采掘机械），污染作业环境。

因此，进行科学有效的矿山水文地质勘探与预报，采取安全合理的防水设计和措施，对预防矿山水害意义重大。

第二节　露天开采概述

一、露天开采的基本概念

露天开采就是从地表直接采出有用矿物的开采方法。由露天开采形成的各种矿山坑道的总体称为露天矿场。

根据开采方式的不同，露天开采有人工开采、机械开采、水力开采和挖掘船开采。

（1）人工开采主要靠人力打眼、装矿和推车。

（2）水力开采是用水枪射出高压水流冲采矿石并用水力冲运。此法多用于开采松软的砂矿床。

（3）机械开采是用一定的采掘运输设备，在敞露的空间里从事采矿作业，并通过露天沟道或地下巷道把矿石和岩石运出。

（4）挖掘船开采是利用挖掘船开采河道中的砂矿床。

目前，世界上露天开采的矿物占整个矿物产量的70%，我国铁矿石产量的85%由露天开采，建材矿山几乎全部采用露天开采。

露天开采相对地下开采而言，有着如下突出的优点，在条件允许时，应尽量采用露天开采：

（1）开采空间限制小，可采用大型机械设备，有利于实现自动化生产，从而可大大提高开采强度和矿石产量。

（2）资源回收率高。一般矿石损失率为3%～5%，贫化率为5%～8%。

（3）劳动生产率高。露天开采由于作业条件好，机械化程度高，其劳动生产率比地下开采一般高5～10倍。

(4) 生产成本低。露天开采的成本一般比地下开采低 50% ~ 75%，因而有利于大规模开采低品位矿石。

(5) 开采条件好，作业比较安全。

露天开采的主要缺点如下：

(1) 占用土地多，地表受到破坏，环境污染严重。

(2) 受气候影响大。如严寒、冰雪、酷热和暴雨等对露天开采有一定影响。

(3) 对矿床的埋藏条件要求高。埋藏较深的矿床，露天开采范围受到限制。

二、露天采矿场构成要素

根据矿床埋藏条件和地形条件，露天矿山分为山坡露天矿和凹陷露天矿。开采水平位于露天开采境界封闭圈以上的称为山坡露天矿，位于露天开采境界封闭圈以下的称为凹陷露天矿，如图 4—3 所示。

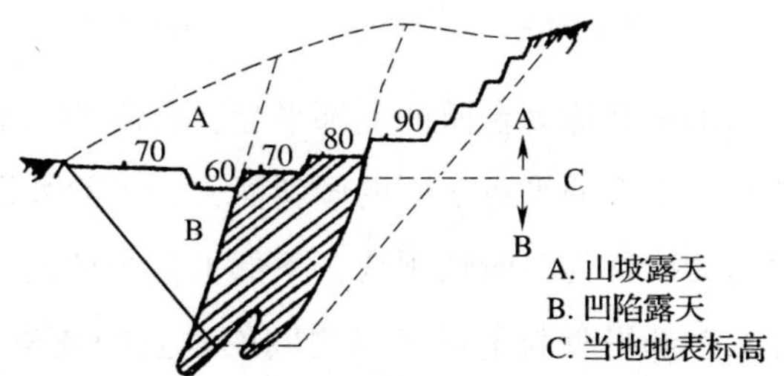

图 4—3 山坡露天矿与凹陷露天矿

露天开采形成的采坑、台阶和露天沟道的总和称为采矿场。

1. 台阶

露天开采时，通常是把矿岩划分成若干水平分层，自上而下逐层开采。在开采中各分层保持一定的超前关系，在空间上形成阶梯状，每个阶梯是一个台阶，或称阶段。台阶是露天采矿场的基本构成要素之一，是进行独立采剥作业的单元。台阶的构成要素如图 4—4 所示。

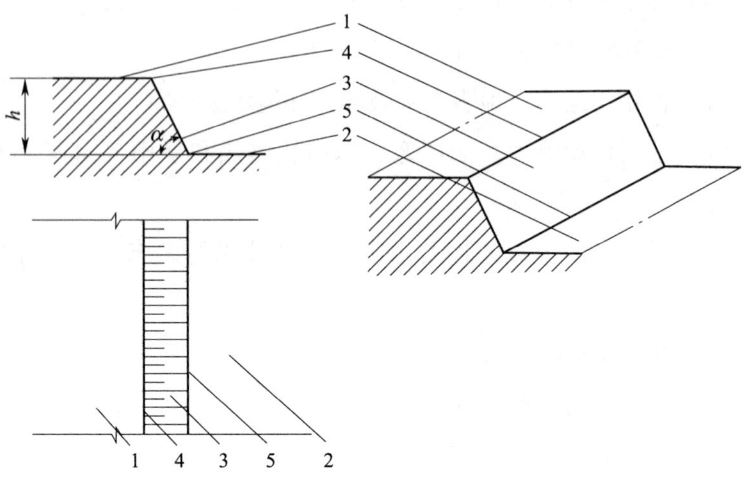

图 4—4 台阶构成要素

1—台阶的上部平盘 2—台阶的下部平盘 3—台阶坡面 4—台阶坡顶线
5—台阶坡底线 α—台阶坡面角 h—台阶高度

台阶的上部水平面称为台阶的上部平盘，台阶的下部水平面称为台阶的下部平盘，上下两平盘之间的倾斜面称为台阶坡面，台阶的上部平盘与坡面的交线称为台阶坡顶线，下部平盘与坡面的交线称为台阶坡底线，台阶上部平盘与下部平盘之间的垂直距离称为台阶高度，台阶坡面与下部平盘的夹角称为台阶坡面角。

台阶的上部平盘和下部平盘是相对的，一个台阶的上部平盘同时又是上一个台阶的下部平盘。台阶的命名通常是以开采该台阶的下部平盘的标高来表示。开采时，将工作台阶划分为若干条带逐条顺次开采，每个条带叫作采掘带。

2. 露天采矿场

露天采矿场的构成要素如图 4—5 所示。露天矿坑中的矿石采出后，露天矿坑四周揭露出来的由台阶组成的表面叫露天矿边帮（图 4—5 中的 *AC*、*BF*）。位于矿体下盘一侧的边帮叫底帮，上盘一侧的边帮叫顶帮，位于矿体端部的边帮叫端帮。露天矿的下部水平 *CD* 叫露天矿的底盘。

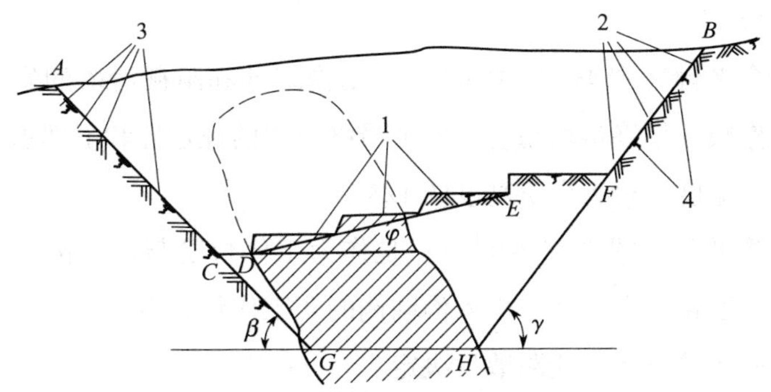

图 4—5　露天采矿场构成要素

露天矿边帮与地表的交线 *AB* 称为露天矿场的上部最终境界线。最终边帮与露天采矿场底盘的交线 *GH* 称为下部最终境界线。

正在进行开采和将要进行开采的台阶组成的边帮叫露天矿场的工作帮（图 4—5 中的 *DF*）。工作帮的位置是不固定的，随着开采工作的推进而不断变化。

工作帮的水平部分叫工作平盘（见图 4—5），它是用以安装设备进行穿孔爆破、采矿和运输工作的场所。通过工作帮最上一个台阶的坡底线与最下一个台阶的坡底线的假想斜面，叫露天矿场的工作边坡（图 4—5 中的 *DE*）。工作边坡与水平面的夹角叫工作边坡角，一般为 8°～12°，最多不超过 15°～18°，人工开采可适当大一些。

非工作边帮是指已完成采剥工作的台阶组成的最终边帮。非工作边帮最上一个台阶的坡顶线和最下一个台阶的坡底线的假想斜面，叫露天采矿场的非工作帮坡面或最终坡面（图 4—5 中的 *AG*、*BH*）。该帮坡面代表露天矿场边帮的最终位置。最终帮坡面与水平面的夹角叫最终边坡角（图 4—5 中的 β、γ）。

大中型露天矿的非工作帮上的平台还应设安全平台、运输平台和清扫平台。

安全平台（图 4—5 中的 2）是用作缓冲和阻截滑落的岩石，同时还用作减缓最终帮坡角，以保证最终边帮的稳定性和下部水平的工作安全。宽度一般为台阶高度的 1/3。

运输平台（图 4—5 中的 3）是作为工作台阶与出入沟之间的运输联系的通路。它设在与出入沟同侧的非工作帮和帮沟上，其宽度由所采用的运输方式和线路数目决定。

清扫平台（图 4—5 中的 4）是用作阻截滑落的岩石，并用清扫设备进行清扫。它又起安全平台的作用。每隔 2 ~ 3 个台阶在四周的边帮上设一清扫平台，其宽度依所采用的清扫设备而定。

在凹陷露天矿，由上而下进行掘沟、剥离和采矿工作。从上部工作水平依次地推进到境界，下部水平依次地开拓和准备出来，旧的工作水平依次不断结束，新的水平陆续投产，这是露天矿在整个开采期间的客观规律。掘沟、剥离和采矿三者之间的关系是相互依存和相互制约的。为了保证露天矿正常持续生产，它们在时间和空间上必须保持一定的超前关系，必须遵循“采剥并举、剥离先行”的方针组织生产。否则露天矿的正常生产秩序必然遭到破坏，造成采剥失调、剥离欠量、掘沟落后、生产下降的被动局面，这在一些露天矿中有着深刻的教训。因此，在矿山生产中必须有计划地组织好各项矿山工程的进行。

三、露天矿场构成参数

1. 台阶高度的确定

台阶高度必须保证生产人员和设备的安全，确定台阶高度应考虑矿岩的岩性和埋藏条件、穿爆工作的要求、采掘工作的要求等因素。采掘工作的要求是影响台阶高度的最主要的因素，机械化开采时台阶较高，人工开采时台阶较低。

露天矿场台阶安全高度见表 4—1。

表 4—1　　露天矿场台阶的安全高度

<table>
<tr><th>矿岩性质</th><th colspan="2">采掘作业方式</th><th>台阶高度</th></tr>
<tr><td>松软的岩石</td><td rowspan="2">机械铲装</td><td>不爆破</td><td>不大于机械的最大挖掘高度</td></tr>
<tr><td>坚硬稳固的岩石</td><td>爆破</td><td>不大于机械的最大挖掘高度的 1.5 倍</td></tr>
<tr><td>砂状的岩石</td><td colspan="2" rowspan="3">人工开采</td><td>不大于 1.8 m</td></tr>
<tr><td>松软的岩石</td><td>不大于 3.0 m</td></tr>
<tr><td>坚硬稳固的岩石</td><td>不大于 6.0 m</td></tr>
</table>

挖掘机或前装机铲装时，爆堆高度应不大于机械最大挖掘高度的 1.5 倍。

2. 工作台阶坡面角和最终边坡角

（1）工作台阶坡面角。其大小直接影响安全生产。影响工作台阶坡面角的主要因素有矿岩的性质、穿孔爆破方式、推进方向、矿岩层理方向和节理发育情况等因素。人工开采时，工作台阶坡面角应符合表 4—2 的规定。

表 4—2　　　人工开采工作台阶坡面角

矿岩性质	工作台阶坡面角
松软的矿岩	不大于所采矿岩的自然安息角
较稳固的矿岩	不大于 50°
坚硬稳固的矿岩	不大于 80°

（2）最终边坡角。合适的最终边坡角对于保证安全生产和提高露天开采的经济效果具有重要的意义。边坡稳定性被破坏，必将造成滑坡或岩石坍塌等事故，严重影响安全生产。影响边坡稳定的主要因素有岩石性质、地质构造、水文地质条件、开采深度、边坡存在期限等。

3．平台宽度

（1）工作平盘宽度。工作平盘是进行采掘运输作业的场所。保持一定的工作平盘宽度，是保证上下台阶各采区之间正常进行剥采工作的必要条件。

工作平盘的宽度取决于爆堆宽度、运输设备的规格、设备和动力管线的配置方式以及所需的回采矿量。仅按布置采掘运输设备和正常作业必需的宽度，称为最小工作平盘宽度，其组成如图 4—6 所示。

最小工作平盘宽度是在一定条件下维持正常剥采的最低尺寸，由于上、下水平不可能完全同步推进，露天矿的实际工作平盘宽度通常要大于最小工作平盘宽度。工作平盘小于允许的最小宽度时，将破坏正常的生产，迫使下部台阶减缓或停止推进，如强行推进下部台阶，将会造成安全事故。

（2）非工作帮平台宽度。为了保证最终边帮的稳定，当台阶推进到最终境界时，应留设安全平台和清扫平台。在非工作帮上最后形

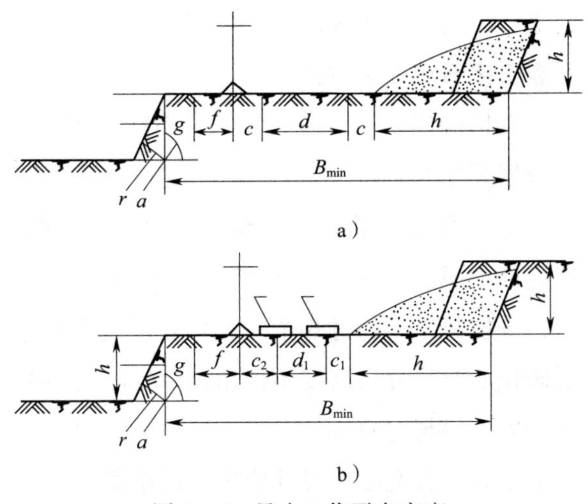

图 4—6　最小工作平盘宽度

a）汽车运输　b）铁路运输

成的台阶按用途不同分为安全平台、运输平台和清扫平台。上述平台按照用途不同，其台阶宽度也不同。

安全平台用作缓冲和阻截滑落的岩石，还可用作减缓最终帮坡角，以保证最终边帮的稳定性和下部水平的工作安全。它设在露天矿场的四周边帮上。安全平台宽度一般为台阶高度的 1/3，可留 3 ~ 6 m 宽。在软质黏土和含大块容易崩落的岩层中，每隔一定距离还应留一个较宽的辅助安全平台，其宽度可为 8 ~ 10 m。

运输平台是工作台阶与出入沟之间的运输通道。它设在与出入沟同侧的非工作帮和端帮上，其宽度由所采用的运输方式和线路数目决定，采用机械运输不得低于 7 m，采用人力运输不得低于 4 m。

清扫平台用于阻截滑落的岩石并用清扫设备进行清理，它又起安全平台的作用，每隔 2 ~ 3 个安全平台设一清扫平台，其宽度依所用的清扫设备而定，一般不小于 6 m。

四、小型露天采石场开采方式

小型露天采石场应当采用台阶式开采。不能采用台阶式开采的，应当自上而下分层顺序开采。

分层开采的分层高度、最大开采高度（第一分层的坡顶线到最后一分层的坡底线的垂直距离）和最终边坡角由设计确定，实施浅孔爆破作业时，分层数不得超过 6 个，最大开采高度不得超过 30 m；实施中深孔爆破作业时，分层高度不得超过 20 m，分层数不得超过 3 个，最大开采高度不得超过 60 m。

分层开采的凿岩平台宽度由设计确定，最小凿岩平台宽度不得小于 4 m。

分层开采的底部装运平台宽度由设计确定，且应当满足调车作业所需的最小平台宽度要求。

采石场上部需要剥离的，剥离工作面应当超前于开采工作面千米以上。

小型露天采石场应当采用中深孔爆破，严禁采用扩壶爆破、掏底崩落、掏挖开采和不分层的“一面墙”等开采方式。

不具备实施中深孔爆破条件的，由所在地安全生产监管部门聘请有关专家论证，经论证符合要求的，方可采用浅孔爆破开采。

第三节　露天开采安全

一、露天矿床开拓

露天矿床开拓就是按照一定的方式建立地面与采矿场各生产水平

之间的运输通道（即出入沟和井巷）。

露天矿床的开拓方式主要以运输方式来分类，主要有公路运输开拓、铁路运输开拓、斜坡卷扬运输开拓、平硐溜井开拓和联合开拓等方式。

1. 公路运输开拓

公路运输开拓以汽车为主要运输设备，根据公路干线的布置方式可分为折返式干线开拓和螺旋式干线开拓。公路运输开拓机动灵活、适应性强，是现代露天矿广为应用的一种开拓方式。

2. 铁路运输开拓

铁路运输开拓以机车为主要运输设备。铁路运输开拓干线的坡度较缓，由上一水平到下一水平的干线比较长，实际中多采用折返干线开拓，列车在干线运行时，需经折返站改变运行方向。因此，铁路运输开拓方式一般适用于大型露天矿。

3. 斜坡卷扬运输开拓

在深凹露天矿和高山露天矿，当采用铁路运输和公路运输不便时，可采用斜坡卷扬或胶带运输开拓。斜坡卷扬常用的运输设备有箕斗和串车。在采矿场内汽车或窄轨机车将矿石或岩石运至转载栈桥翻卸，经转载漏斗或矿仓装入箕斗，重载箕斗提升到地面卸入地面矿仓，然后再转运至卸载地点。在山坡露天矿，轨道一般设在露天开采境界以外，重载下放。斜坡串车卷扬提升用于坡度小于25°的沟道内提升或下放矿岩，若坡度过陡，串车在运行中矿岩容易洒落。

4. 平硐溜井开拓

平硐溜井开拓是用溜井和平硐建立采矿场和地面间的运输通道，

一般需采用汽车运输或铁路运输来配合。适用于开采山坡露天矿。

5. 联合开拓

以一种以上的开拓运输方式建立的开拓方式，一般以汽车运输方式与其他运输方式相配合的较多。

二、露天开采工艺

为了采出矿石，需将矿体周围的岩石及其覆盖岩层剥掉，通过露天沟道或地下井巷把矿石和岩石运至地表。搬移土岩的生产过程称剥离，开采矿石的生产过程称采矿。露天开采是剥离和采矿的总称。

露天矿山的采剥工程是按一定的生产工艺，以一定的顺序进行的。对山坡露天矿，当矿体倾向与山坡方向一致时，一般采用在矿场表层逐层开掘单壁沟，自上而下，由外而里的采掘顺序进行开采。

对凹陷露天矿，由上而下进行掘沟、剥离和采矿工作，上部水平顺次推到最终境界，下部水平顺次开拓和准备出来，旧的工作水平不断结束，新的水平陆续投产，这是露天矿在整个开采期间的程序。掘沟、剥离、采矿三者在时间和空间上必须保持一定的超前和滞后关系，必须遵循“采剥并举、剥离先行”的原则，才能保证露天矿山生产持续、稳定、安全进行。

每个台阶的开采顺序是，开掘出入沟、开段沟、扩帮，即首先开掘自地表到第一个台阶下部平台的出入沟，然后开掘段沟。开段沟形成以后，在沟旁建立剥岩或采矿工作线，按采掘带顺序逐条采掘，即为扩帮。按照工作线与矿体走向的关系，工作线的布置方式有纵向、横向、斜向和 U 形布置等。待工作线推进到一定宽度后，即可开掘下一个台阶的出入沟和开段沟。露天矿的各台阶自上而下逐层进行开拓、准备和扩帮，一般是多个台阶同时进行开采，由这些开采的台阶组成了露天矿场的工作帮。

掘沟、剥离和采矿工作都由穿孔、爆破、采装、运输等工艺来实现。

三、穿孔作业安全要求

穿孔工作是露天开采的第一个工序，其目的是为爆破工作提供装炸药的孔穴。在整个开采过程中，穿孔质量的好坏，对后续的爆破、采装、破碎等工作有很大影响。露天矿穿孔设备按其穿孔深度分为浅孔凿岩设备和深孔凿岩设备。浅孔凿岩设备主要有凿岩机和凿岩台车。深孔凿岩设备主要有牙轮钻机、潜孔钻机、钢绳冲击式钻机、火钻。

1．穿孔设备

手持式凿岩机主要用于浅眼爆破，以及二次爆破。在大型矿山，以牙轮钻使用最广，近年采石场的发展，大力推动了潜孔钻的应用，火钻和凿岩台车仅在一些特定条件下使用，钢绳冲击钻已淘汰。

（1）凿岩机。凿岩机按动力不同可分为风动、电动、内燃和液压四种类型；按质量不同可分为轻型、中型、重型三种；按工作方式不同可分为手持式、气腿式和柱架导轨式三种。一般凿岩深度在2～4 m，最深不超过5 m。风动凿岩机应用最为广泛，它是靠空气压缩机提供的压风作为动力进行工作的，所以要建立相应的压风机站和供风系统或使用移动式压风机供给压风。

（2）凿岩台车。凿岩台车是一种导轨式重型风动凿岩机。由于设备简单、灵活、孔径小，可以打任意角度的炮眼，对提高劳动生产率、改善劳动条件作用明显。

（3）潜孔钻机。潜孔钻机是一种回转冲击式钻机，具有结构比较简单、操作维护方便、价格低、机动灵活、穿孔角度范围大等优点，是中小型露天矿山的主要穿孔设备，适用于中硬矿岩穿孔。国产潜孔钻机主要有 KQ—150、KQ—200、KQ—250 等型号。

（4）牙轮钻机。牙轮钻机也属于回转式凿岩机，它通过回转机构和加压机构给钻杆上的牙轮钻头施加回转扭矩和轴向压力，借助钻头上的三个轮齿密布的牙轮进行连续切削、破碎岩石；同时压缩空气通过钻孔中心及钻头喷嘴吹至孔底，把岩渣排出而形成炮孔；能实现机械接卸钻杆。牙轮钻机具有穿孔效率高、作业成本低，机械化、自动化程度高，适应各种硬度的矿岩等优点。国产牙轮钻机主要有 KY—150、KY—200、KY—250、KY—310 等型号。

（5）火钻。火钻是借高温（1 600 ~ 3 000℃）高速（1 100 ~ 1 800 m/s）的火焰喷向岩石表面，使岩石在热力作用下骤热、膨胀、碎裂、剥落而成孔。火钻适用于石英类坚硬的矿岩，穿孔效率很高，远远超过钢绳冲击钻机。

2. 凿岩常见事故

凿岩机凿岩时，易发生以下事故：钻机没有扶稳致钻机倾倒伤人、钻头伤脚、断钎伤人；打残眼爆炸伤人；在高处作业发生坠落事故。打干眼，粉尘严重致人得尘肺病。

大型凿岩机作业时易发生的事故：大型凿岩机在行走和穿孔作业时，发生倾翻、压塌边坡，在软基路面行走发生塌陷等事故；在接卸钻杆、起落钻架时，发生物体打击、机械伤害事故；到钻机塔架和钻架上检修，发生高处坠落事故；拉断、压裂电线、水管等；触电事故；爆破飞石砸伤设备；人员没有采取防尘措施，长期接触粉尘患尘肺病等。

3. 凿岩安全技术

（1）凿岩机作业安全要求

1）凿岩工要经过培训，熟悉凿岩机的性能和操作方法。

2）必须穿戴好劳保用品，戴好安全帽、防尘口罩。

3）工作前将作业场所或井、洞、坑口四周的浮石清理干净。

4）作业前，必须两脚叉开站成人字形，面对作业面站稳后再开风门操作。

5）开孔口时要扶稳钻机，以防钻头伤脚或凿岩机倾倒伤人。严禁打干眼和残眼。

6）在高处凿岩，或在处理根底、伞岩时，应派专人监护。

7）凿岩时不得用身体压凿岩机，以免断钎发生事故。

8）一般情况下，不准在倾斜坡面上进行打眼作业。

（2）大型凿岩机穿孔安全要求

1）钻机司机应经过专门培训，了解钻机的性能，熟练掌握操作程序和操作技术。

2）禁止顺台阶边缘平行站车。严禁打干眼和残眼。

3）严禁在高压线下作业，钻机距高压线的距离不得小于 3 m。

4）接卸钻杆时，禁止人员靠近钻杆架，钻架前方不得站人。

5）作业时，应及时开动捕尘系统。

6）起落钻架时，必须有人在旁边指挥和监护，前后严禁站人。

7）落钻架前清除平台上的杂物时，必须卸下钻杆，放下钻杆架，并锁紧挂钩，必要时应用麻绳绑扎牢固。

8）起落钻架前，必须检查钻架上风管、电缆、钢绳、链条等是否有刮、挂现象，并应保持自由无挂连。必须确保钻架的两只油缸的上、下腔内均充满油时才能进行。

9）移车前，必须检查和调整好行走制动器，无制动装置或制动失灵时，不得盲目行车；行车过程中一旦制动失灵，应迅速采取紧急措施，可直接按高压或低压切断按钮。移车前必须把千斤顶都收回到安全高度。

10）钻机移动时，应有人指挥和监护；行走时，司机应先鸣笛，履带前后不得站人。不准急转弯。

11）钻机靠近台阶坡顶线行走时，应先检查行走路线是否稳固安全，凿岩台车外侧突出部分至台阶坡顶线的最小距离为 2 m，牙轮钻、潜孔钻和钢绳冲击钻为 3 m。

12）钻机行走的路面，不得有大块障碍物和危险裂缝，行走中不得压电缆、水管和风管。大角度转弯要选择平坦坚硬的地面进行，一次扭转角度不应过大，而且要直行和扭转交替进行，扭转时注意附近有无其他设备和障碍。

13）钻机不宜在坡度超过 15°的坡面上行走；如果坡度超过 15°，必须放下钻架，并采取防倾覆措施，且司机室应在上坡端。不准长时间停留在斜坡道上，短时间停留时，坡下的 面要打掩并应牢固，打掩时人员应站在侧面。

14）在松软的地面行走时，应采取防沉陷措施。

15）通过高、低压线路时应采取安全措施。夜间行走应有照明。

16）为防止台阶坍塌而造成钻机倾翻事故，钻机稳车时，千斤顶至台阶坡顶线应有一定的安全距离：凿岩台车为 1 m，牙轮钻、潜孔钻和钢绳冲击钻为 2. 5 m。千斤顶放置的位置应稳固，不得在千斤顶下垫块石。

17）穿凿第一排炮孔时，钻机的中轴线与台阶坡顶线的夹角不得小于45°，以便在台阶出现坍塌征兆时，钻机尽快撤离危险区。

18）钻机作业时平台上严禁站人，钻机长时间停机应切断电源。

19）挖掘每个水平的最后一个采掘带时，上阶段正对挖掘机作业范围内的第一排孔位地带，不得有钻机作业或停留。

20）起落钻架时，非操作人员不要在钻机移动范围内停留。

21）爆破时，应将钻机移至安全地带。

22）移动电缆和停送电时，必须两人进行，并与车上人员“呼唤应答”，应穿绝缘鞋，戴高压绝缘手套，使用符合要求的电缆钩，遇雷雨时禁止作业。钻机发生接地故障时，应立即停机处理，严禁任何人上下钻机。

23）攀登大架和钻架检查维修时，必须拴好安全绳和安全带，禁止坐回转小车在滑架上升降。

24）雷雨天、大雪天和大风天不准上钻机顶部进行检修作业。严禁双层作业。

25）主、副钻杆与回转器连接时，应确认连接无误，方可提出钻杆架。

26）收回钻杆架时，链销应牢固地将钻杆架锁住，并放收钻杆架1~2次，确认锁钩已经锁住为止。

27）更换牙轮钻钻杆时，旧钻杆送出平台，应用麻绳拴住钻杆下端将钻杆拉到平台边。更换潜孔钻钻杆时，应用麻绳拉钻杆，人与钻杆应保持3 m左右距离，严禁用手直接推拉或肩抬钻杆。

28）潜孔钻钻斜孔调整大架角度时，必须派专人指挥，务必将插销穿入，指挥人员与操作人员应互相配合好。钢绳掉道时，不准用手直接拨弄钢绳。接卸钻杆时，必须使用托杆器。作业时必须开动除尘设备。潜孔钻行走履带架处于中间高、两头低时，不准扭机。

29）爆破时钻机要停放在平坦和受爆破影响较小的地点，并将前部朝爆破方向。

30）附近有大、中爆破和较长时间停车时，千斤顶要收回并切断电源。

31）冬季停车时间较长时，应对各水箱、水泵和管路采取防冻措施，以防冻坏设备。

四、爆破作业安全要求

1．爆破方式

爆破工作是利用炸药爆炸来破碎矿岩，为采装、运输和破碎提供矿岩。露天矿山的爆破方法有：浅眼爆破法、深孔爆破法、硐室爆破法、药壶爆破法、裸露爆破法及其他爆破方法。对于正常生产露天矿山，一般多采用中深孔爆破，露天采石场采用浅眼爆破。硐室爆破主要用于露天矿山基建期剥离。

通常将炮孔孔径在 50 mm 以上、深度在 5 m 以上的爆破称为深孔爆破。露天矿采用深孔爆破具有一次可完成较大规模的爆破量，机械化程度高，能满足大型装载设备对爆破工作的要求，生产效率高、爆破成本低、工作环境好等优点，是露天矿山主要的爆破方法。

露天深孔爆破的炮孔布置方式有垂直孔与倾斜孔两种，如图 4—7 所示。露天深孔爆破按照炮孔排数可分为单排孔爆破、多排孔爆破。按照炮孔排列方式可分为矩形孔、梅花孔。采用微差爆破时，其起爆方式有按排顺序起爆、斜线起爆、间隔炮孔起爆、直线掏槽起爆等方式。

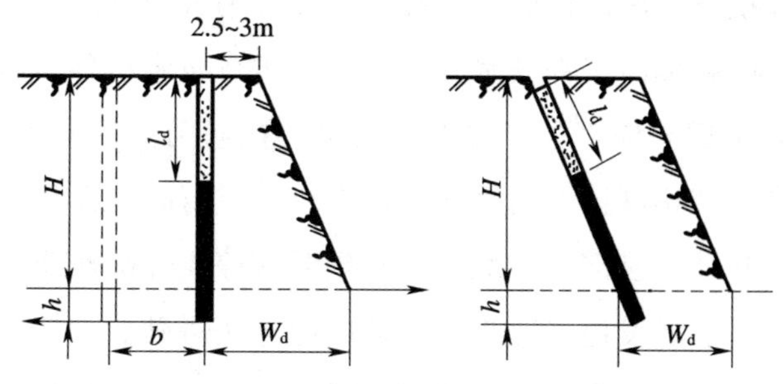

图 4—7 露天深孔布置

H—台阶高度 h—超深 W_d—底盘抵抗线 l_d—堵塞长度 b—排距

露天深孔爆破参数是指炮孔的孔径、孔深、超深、孔距、抵抗线、炮孔临近系数、炮孔充填长度及炸药单耗等。露天深孔爆破时选择的爆破参数是否合理，直接影响爆破效果和安全，因此，必须根据具体条件和要求，进行认真全面的分析和综合考虑，确定出合适的爆破参数。

2．露天爆破常见事故

爆破工作是影响露天矿山安全生产的一个重要环节。露天矿山爆破事故主要有爆破飞石伤人、炮烟中毒、爆破震动破坏了边坡的稳定性，早爆、迟爆、盲炮事故等。其中，爆破飞石可能造成本矿人员伤亡，也可能影响到周边单位及人员的安全。

3．露天爆破安全规定

（1）爆破作业人员应取得公安机关颁发的爆破员作业证。承担爆破作业的专业服务单位，必须取得爆破作业单位许可证，并与发包单位签订安全管理协议。

（2）有工程技术人员编制爆破设计书或爆破说明书，并经矿山分管负责人批准。爆破作业必须按爆破设计书或爆破说明书进行。深孔爆破时，应有爆破工程技术人员在现场进行技术指导和监督。

（3）露天爆破应事先了解天气情况，在遇雨天、大风、大雾天、黄昏和夜晚，禁止进行地面爆破。需在夜间进行时，必须采取有效的安全措施，并经主管部门批准。遇雷雨时应停止爆破作业，并迅速撤离危险区。雷电高发地区应当采用非电起爆法爆破。

（4）当露天爆破作业地点有边坡滑落危险、有涌水或炮眼温度异常、危及设备或建筑物安全而无有效防护措施等情况时，禁止进行爆破作业。

（5）爆破工作开始前，必须确定危险区的边界，并设置明显的标志。浅孔爆破飞石安全允许距离为不小于 200 m，复杂地质条件下或未形成台阶工作面时不小于 300 m，深孔爆破按设计确定，但不小于 200 m。

（6）露天爆破应在危险区边界设立岗哨，使所有通路处于监视之下。每个岗哨应处于相邻岗哨视线范围之内。爆破前必须同时发出声响和视觉信号，使危险区内的人员都能清楚地听到和看到。确认爆破地点安全后，才准恢复作业。

（7）在爆破危险区域内有两个以上的单位进行露天作业时，必须统一指挥。

（8）同一起爆网路，应使用同厂、同批、同型号的电雷管。起爆器材在使用前，应逐个进行严格的检查。电雷管应用专用爆破仪表逐个检测电阻值，电阻值不符合产品证书规定的，不得使用。

（9）装药前，炮孔周围的碎石、杂物应清除干净。应检查炮孔的深度、最小抵抗线和卡塞等情况，如有水，应用压风吹尽。

（10）必须严格按照设计的药量和装药结构进行装药。爆破装药量应根据实测资料校核修正，经爆破工作领导人批准。

（11）使用木质炮棍装药。装药出现堵塞时，在未装入雷管、起爆药柱等敏感爆破器材前，应采用非金属长杆处理。禁止用炮棍撞击阻塞在深孔内的起爆药包。

（12）装药后必须保证填塞质量，禁止使用无填塞爆破，禁止使用石块和易燃材料填塞炮孔。

（13）露天爆破的避炮掩体应设在冲击波危险范围之外，并能防止爆破飞石和有害气体的危害。

（14）露天爆破起爆后应超过 5 min 后才准进入爆破地点检查，如不能确认有无盲炮，应经 15 min 后才能进入爆区检查。只有确认爆破地点安全后，经当班爆破班长同意，方准人员进入爆破地点。

（15）爆破员如果发现危石、盲炮等现象，应及时处理，未处理前应在现场设立危险警戒或标志。

4. 爆破事故防范措施

（1）早爆事故的预防。早爆事故是指在爆破工作中，因受某些外界特殊能源作用造成雷管、炸药的早爆。早爆事故危害严重，必须加以足够重视。

产生早爆事故的主要原因有：矿井内杂散电流、压气装药时所产生的静电及雷电危害等引爆电雷管和硫化矿内硝铵炸药的自爆等。

杂散电流是指存在于预设的电爆网路之外的电流。其主要来源有：电气牵引网路流经金属物或大地返回变电所的电流；动力和照明交流电路的漏电；大地自然电流；雷电和电磁辐射的感应电流等。

因此，在有可能会产生杂散电流的场所进行电起爆爆破作业前，必须检查杂散电流的大小。当杂散电流大于 30 mA 时，必须采取可靠的安全措施，如采用抗杂散电流电雷管或采用非电起爆网路。

采用装药车或装药器装药时，炸药沿输送管运动，由于相互间摩擦而产生静电荷，从而有可能引爆电雷管，造成早爆事故。

预防静电引起早爆的措施有：保证装药车或装药器具有良好的接地装置。

（2）盲炮、残药的预防与处理。盲炮是指由于雷管瞎火而拒爆的炮孔或药室。残药与盲炮的区别在于有无雷管存在。

预防盲炮、残药的主要措施如下：

1）对于爆破器材，要严格检验、妥善保管，防止使用技术性能不符合要求的爆破器材。对有些性能指标降低的爆破器材，必须经过复检及有关部门同意，采取可靠措施方能使用，这是预防盲炮、残药的重要手段。

2）提高爆破设计质量，严格按设计施工。设计内容包括炮孔布置、起爆方式、网路敷设、起爆电流、网路检查等。无设计盲目施工，往往是产生盲炮的根源。

3）改善操作技术，特别是对不能用仪器检查的非电起爆系统，要认真操作。对电雷管要避免漏接、错接和折断脚线，电爆网路的接地电阻不得小于 $1\times10^5\ \Omega$。

4）在有水工作面或水下爆破时，应采取可靠的防水措施，避免爆破器材受潮失效。尽量采用冲击摩擦感度低的浆状炸药、乳化炸药。对起爆器材要进行深水防水实验，并在连接部位采取绝缘措施。

盲炮处理方法如下：

1）重新起爆法。经检查，盲炮中雷管未爆、线路完好时，可以重新连线起爆。重新起爆时，应检查药包最小抵抗线是否改变，并采取相应的安全措施。重新起爆法适用于漏连、错连、断线等产生的盲炮。

2）诱爆法。利用竹制或有色金属制的掏勺，小心地将炮泥掏出，重新安装起爆药包爆破。如果是硐室爆破，需要从导硐内清除堵塞物，然后小心地取出起爆体，再妥善处理炸药。还可采用聚能穴药包诱爆盲炮，聚能穴药包爆炸后，引爆盲炮里的雷管和炸药。

3）打平行眼装药爆破法。在距浅孔盲炮孔口 0.3 ~0.5 m 处、在距深孔盲炮孔口不小于 10 倍炮孔直径处，另打平行孔装药起爆。

4）用水冲洗法。若炮孔中为粉状硝铵类炸药，而堵塞物又松散，可用低压水冲洗，使炮泥和炸药稀释，再妥善取出雷管。也可用高压水或高压风水管冲洗，此法必须远距离操作并设置警戒。

残药的处理：残药中没有雷管，可采用上述处理盲炮的方法进行处理，残药往往不易发现，要仔细检查，严禁打残眼。

五、采装作业安全要求

采装作业是用装载机械将矿岩直接从地下或爆堆中挖掘出来，并装入运输工具或直接卸到一定地点。它是露天开采过程的中心环节，其他生产过程如穿爆、运输等都是围绕采装而工作的。

坚硬的矿岩一般用凿岩爆破的方法破碎成松散状，然后用不同的装运手段将矿岩分别装车运至矿仓或排土场。松散矿岩一般不需要进行爆破，而是用挖掘机直接铲装，或用推土机配合铲运机对矿岩进行集堆和铲装运工作。

1. 采装方式

大型露天矿山采装工作所用的采装设备有单斗挖掘机、前装机、索斗铲、轮斗挖掘机、链斗挖掘机等，小型露天矿和采石场采用装岩机、电耙乃至人工装岩。

（1）单斗挖掘机。单斗挖掘机是露天矿山用于采矿、剥离、排土、掘沟和倒装等工作的主要设备。按动力可分为电铲（见图4—8）、柴油铲和液压铲三种，铲斗的容积一般为0.5～37 m^3。单斗挖掘机生产能力大，一般应用于大中型露天矿山，并与铁路运输或汽车运输等方式相配合。

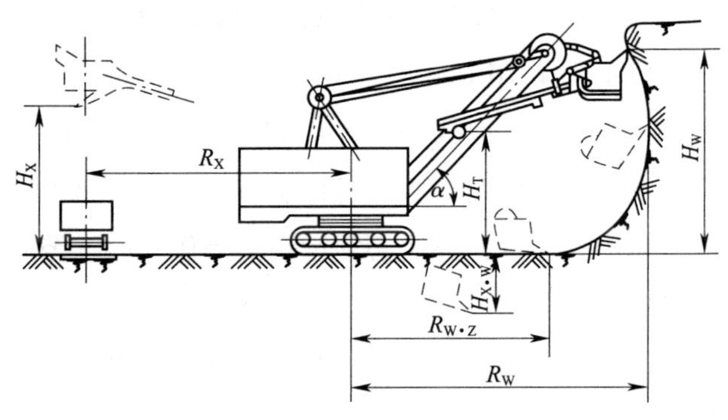

图4—8 单斗挖掘机

（2）前端式装载机。前端式装载机又叫前装机，如图4—9所示，是一种自装自运的多用设备，经常与汽车配合使用。有履带式和轮胎式两种。由于轮胎式前装机机动灵活、调动方便、行走速度快，可达30～40 km/h，因此轮胎式前装机在露天矿应用较广，既可以与运输设备配合装载矿岩，还可作为采、装、运三位一体的设备，同时还可作为牵引车及进行清理工作场地等辅助作业。

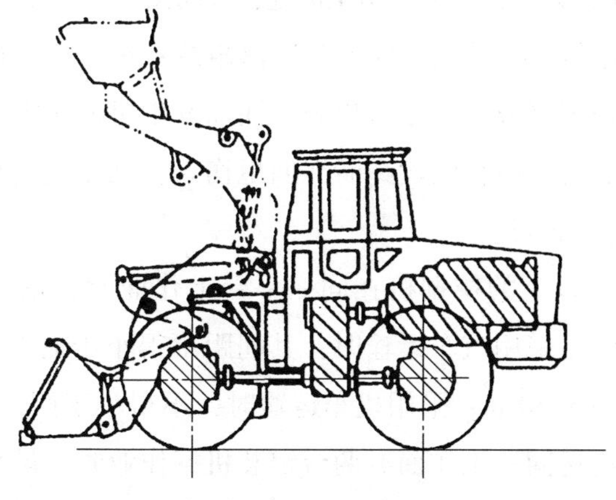

图 4—9　前装机

（3）推土机。推土机结构简单、工作灵活可靠、效率高、维修工作量少，在国内砂矿开采以及在排土场等配合推排岩土，应用广泛。一般要求运距不超过 100 ~ 150 m，重载爬坡坡度不超过 20°。

（4）电耙。电耙是一种小型采运设备，它借助耙斗自重耙运矿岩，在主钢绳的牵引下，沿爆堆向下移动而装满矿岩，并运至卸载点装车。卸载后，在尾绳的牵引下空斗被拉回工作面进行下一次作业。卸载点需做人工平台，矿车在人工平台的漏斗下装车。

2. 采装作业常见事故

挖掘机在行走时，发生倾翻、压塌边坡、在软基路面行走发生塌陷等事故；挖掘机、前装机在铲装作业时，若爆堆过高过陡，易发生埋铲埋人事故；挖掘机清理边坡浮石时导致危石滚落、飞溅伤人、砸坏设备；与汽车配合不良而发生碰撞、大块砸伤汽车和人员；到大架上检修，发生高处坠落事故；拉断、压裂电线、水管等；触电事故；爆破飞石砸伤设备；人员没有采取防尘措施，长期接触粉尘患尘肺病。

推土机运行到台阶边缘时发生坠落事故；推土机运行时人员上下致人员车辆伤害事故；不停机检修、注油发生机械伤害。

电耙作业时，电耙钢丝绳断绳回甩伤人；耙斗或钢丝绳伤人。

3. 采装作业安全

（1）两台以上的挖掘机在同一平台上作业时，挖掘机之间应保持一定的间距，采用汽车运输时，其间距不得小于最大挖掘半径的3倍，且不得小于50 m；采用机车运输时，不得小于两列列车的长度。小型露天采石场同一工作面有两台铲装机械作业时，最小间距应当大于铲装机械最大回转半径的2倍。

（2）相邻两阶段同时作业的挖掘机必须沿阶段方向错开一定的距离，在上阶段边缘安全带进行辅助作业的挖掘机必须超前下阶段正常作业的挖掘机最大挖掘半径的3倍的距离，且不小于50 m。

（3）挖掘机行走安全规定

1）必须在作业平台的稳定范围内行走。

2）铲斗应空载，并下放与地面保持适当距离，悬臂方向与行进方向一致。

3）上下坡时驱动轴应始终处于下坡方向，并采取防滑措施。

4）通过电缆、风水管、铁路道口时，应采取保护电缆、风水管、铁路道口的措施。

5）在松软或泥泞的道路上行走时，应采取防止沉陷的措施。

6）移动电铲时，车下必须有人员负责看管电缆，注意行程运转情况，掩车和处理电缆时，不准站在履带正前方，当改变回转或行驶方向及检查设备时，司机应事先与车下人员做到呼唤应答，鸣笛示意。

7）长距离移动电铲时，必须扫平路基，拉开斗门，并有专人在车下监护和指挥，开动前必须清除履带滚道内的障碍物。

8）电铲行驶上坡时，引导轮在后，坡度不得超过12°；下坡时，引导轮在前，坡度不得超过13°，铲斗应在下坡方向，放到接近地面位置。

9）扭车时，地面要平，严禁由下坡向上坡方向扭车，一次扭车量不准超过30°。

10）电铲移近高压线时，天轮与高压线的距离不得小于1.5 m。

11）严禁挖掘机在运行中调整悬臂架的位置。

（4）挖掘机、前装机作业安全规定

1）挖掘机、前装机与受装车辆驾驶员要有有效的信号联系。

2）挖掘机工作时，其平衡装置外形的垂直投影到阶段坡底线的水平距离应不小于1 m。操作室所处的位置应使操作人员危险性最小。

3）直接挖掘松软不需爆破的矿岩时，挖掘的台阶高度不应超过电铲的最大挖掘高度。

4）遇根底时，须扫尽浮石，经二次爆破后方可挖掘。

5）挖掘时，严禁铲斗横向受力，不准用铲斗横扫大块。

6）禁止铲斗从车辆驾驶室上方通过。

7）装第一铲时，铲斗门距车厢底板的卸载高度不应大于0.5 m；卸载时应使车厢保持平衡。

8）不得将装满矿的铲斗悬在车道上方等待装车，车辆未对正铲位和停稳时，不得装车；装车时，要鸣笛示意。

9）装载时，车辆调车人员应下车指挥。

10）禁止用铲斗处理粘帮翻斗车或运矿汽车。

11）运行时，禁止做任何修理注油工作及上下车。

12）前装机作业时，铲斗、动臂下严禁站人，装载物不准偏重、超载，禁止铲斗超过运载位置高速运行，严禁急转弯，行驶中严禁人员跳上跳下，转弯时必须减速。

13）前装机在高料堆作业时，应有人监护，最高速度不准大于10 km/h，高堆作业注意下方安全。

14）前装机卸载物料，不允许物料重心偏置，也不允许大块物料伸出车帮之外。

（5）推土机作业安全规定

1）在斜坡上作业时，坡度不得超过其技术性能的规定。最大允许坡度：上坡不大于25°，下坡不大于30°，横坡不大于6°。

2）推土作业时，刮板不得超出平台边缘。

3）距离平台边缘小于5 m时，必须低速运行。

4）禁止后退开向平台边缘。

5）推土机发动时，严禁人员在机体下面工作，机体近旁不准有人逗留。

6）推土机行走时，禁止人员站在推土机上或刮板架上。发动机运转且刮板抬起时，司机不得离开驾驶室。

7）检修、润滑和调整推土机应在平整的场所进行。检查刮板应将刮板放稳，并关闭发动机。禁止人员在提起的刮板上停留或进行检查。

8）推土机牵引车辆或其他设备时，要有专人指挥，行走速度不大于 5 km/h，被牵引车辆有人操纵，有制动装置，下坡时，严禁用缆绳牵引。

（6）爆破时，要将采装设备开到安全地点。

（7）电耙装矿时，要定期检查钢丝绳，以防断绳回甩伤人。在耙斗作业范围内不得有人作业或行走。

（8）应当采用机械铲装作业，严禁使用人工装运矿岩。采用手推车或拖拉机人工装矿，禁止挤在一起，以防止相互干扰伤人。

六、露天矿山运输作业及安全要求

露天矿山运输的基本任务是将采出的矿石运送到选矿厂、破碎站或储矿场，把剥离的废石运送到排土场，并将人员、设备和材料运送到工作地点。

露天矿山的运输方式就动力而言可分为人力运输和机械运输；从道路设施看，可分为有轨运输和无轨运输。

1. 露天矿山的主要运输方式

（1）铁路运输。是在露天矿场内铺设铁路，用机车牵引列车运送矿岩的运输方式。铁路运输的主要设备有轨道、矿车、机车和辅助设备。按机车的动力不同可分为电机车和内燃机车，按轨距不同可分为标准轨铁路运输（轨距为 1 435 mm）和窄轨铁路运输（轨距为 600 mm、762 mm 和 900 mm），矿车与地下矿山相同。电机车运输必须架设供电线路。其特点是适合长距离运输，运量大，运输成本低；爬坡能力小，基建工程量大、投资多、基建时间长；移道工作量较大；随着露天开采深度的增加，运输效率显著下降。因此，适用于储量大、面积广、运距长的矿山。

大型露天矿山多采用标准轨铁路运输；在中小露天矿以及采石场

多采用窄轨铁路运输或人力推车，在斜坡段用卷扬机或无级绳提升联合运输。

（2）道路运输。露天矿山道路运输的主要车辆是自卸汽车，小型矿山和采石场也常使用拖拉机、机动三轮车，甚至使用畜力车、人力车等。这种运输方式机动灵活，调运方便，适应性强；爬坡能力强；运输组织简单。缺点主要有：受气候条件影响大，特别是雨季，冰雪期间行车困难；运费高，维护费用高。自卸汽车在露天矿山使用越来越广泛，有取代铁路运输的趋势。国外大型露天矿山电动轮自卸汽车使用日益广泛。

（3）斜坡卷扬运输。在斜坡轨道上用卷扬机提升或下放斜坡箕斗或矿车，在斜坡道的上下平面则借助其他运输方式联合运输。斜坡箕斗是专用在斜坡道上的运载容器，与串车相比，运输能力大，发生跑车事故的可能性较小，但需架设装卸载设施，不如串车提运灵活。

斜坡道上还可利用重力实现卷扬运输，依靠矿石的自重拖动重力卷扬机转动，并通过卷扬机的缠绕或摩擦使另一根（或另一端）钢丝绳提升空车，从而完成重车下放、空车上提。车辆运行的速度靠轨道坡度和制动闸来调节。该法适合小型山坡露天矿山。

（4）斜坡牵引手推车运输。斜坡道上，用钢丝绳卷扬牵引或下放手推车。这种运输方式投资少，设备简单，使用方便，但运输能力低，仅适用于短距离、小坡度提升的小采石场。在一些小型地下矿山也采用这种方式提运矿石。

（5）矿石自溜运输。利用矿区的高差、地形开凿溜井或地表溜槽，用机动车辆或其他运载设备将矿石运至溜井或溜槽，矿石借助自重下放，下部用机动车或其他运载设备来运输。这种运输方式简单，运营费用低，运输能力可大可小，但要有合适的地形条件，特别适合于山区矿山，可大大减少车辆运输事故。

（6）人力运输。有轨道人力推矿车和推平板车等方式。

（7）架空索道运输。架空索道运输是通过架设在空中的钢丝绳悬挂矿斗，随着牵引钢丝绳的运动矿斗也随着运动的一种运输方式。它可以直接跨越较大的河流、沟谷，翻山越岭，可以缩短运输距离，减少土石方量，无须架设桥梁涵洞。在我国一些山区、地形复杂的矿山，这是一种比较有效的地面运输方式。

2. 露天矿山运输常见事故

铁路运输中常见的事故有撞车、吊道、道口肇事和由此引起的人身伤害。恢复受电弓时，易发生机械伤害事故。

汽车运输易发生撞人、撞车事故；在急弯、陡坡和危险地段发生跑车、坠入坡底、翻车等事故，被挖掘机铲斗撞击；临近边坡坡顶线行走、停靠时发生滑坡事故掩埋车辆；在卸矿点发生翻车事故；过道口发生撞列车事故；翻斗竖立刮坏高空线路和管道等事故；自卸汽车撞人时，车斗翻起致人坠落事故；车轮检修时钢圈飞出伤人等事故。

斜坡卷扬提升、斜坡牵引手推车提升主要易发生断绳跑车事故；在上部车场和中间车场，不小心还可引起跑车事故；人员沿轨道行走，被矿车或箕斗挤伤等事故。

3. 露天矿山运输安全

（1）铁路运输

1）机车司机以及下面的机动车司机、绞车司机必须经过培训考核，持证上岗。

2）在繁忙的道口和可能危及行车安全的塌方、落石地点宜安设遮断信号机。

3）电机车升起受电弓后，禁止登上车顶或进入侧走台工作。

4）列车运行速度必须保证在标准轨铁路300 m、窄轨铁路150 m的制动距离内停车。

5）同一调车线上禁止两端同时进行调车作业。

6）采取溜放方式调车时，必须有相应的安全制动措施。

7）在运行区间内不准甩车，在站线坡度大于2.5‰的坡道上进行甩车作业时，必须采取防滑措施。

8）发生故障的线路，应在故障区域两端设停车信号，独头线路发生故障时，应在进车端设停车信号，故障排除和停车信号撤除前禁止列车在故障线路区域运行。

（2）道路运输

1）山坡填方的弯道、坡度较大的填方地段以及高堤路基路段外侧应设置护栏、挡车墙等。夜间装卸矿地点应有良好的照明。

2）自卸汽车进入工作面装车，应停在挖掘机尾部回转范围0.5 m以外，防止挖掘机回转撞坏车辆。

3）装车时，发动机不准熄火，关好驾驶室车门，不得将头和手臂伸出驾驶室外，禁止检查、维护车辆。

4）装车后挖掘机司机或指挥人员发出信号，汽车才能驶出装车地点。

5）禁止采用溜车方式发动车辆，下坡行驶严禁空挡滑行。在坡道上停车时，司机不能离开，必须使用停车制动并采取安全措施。

6）机动车辆在矿区道路上宜中速行驶，急弯、陡坡和危险地段应限速行驶。

7）正常作业条件下同类车严禁超车，前后车保持适当距离。

8）雾天和烟尘弥漫影响能见度时，应开亮前黄灯与标志灯，并靠右侧减速行驶，前后车间距不得小于 30 m。

9）视距不足 20 m 时，应靠右暂停行驶，并不得熄灭车前车后的警示灯。

10）冰雪和雨季道路较滑时，应有防滑措施并减速行驶；前后车距不得小于 40 m；禁止转急弯、急刹车、超车或拖挂其他车辆。

11）夜间行走必须有良好的照明，并禁止使用远光灯，在转载台或废石场卸载时，应关闭大灯，用小灯或防雾灯。

12）汽车在靠近边坡或危险路面行驶时，要谨慎通过，防止边坡倒塌和崩落。上下坡要判断准确，反应迅速，操作灵活，做好随时停车的准备，要适当拉开与前车距离，防止突然停车不及造成追尾撞车。

13）生产干线、坡道上禁止无故停车。

14）机动车辆通过铁路道口前，司机应减速瞭望，确认安全方可通过。

15）卸矿地点必须设置牢固可靠的挡车设施，并设专人指挥。挡车设施的高度不得小于该卸矿点各种运输车辆最大轮胎直径的 2/5。

16）汽车进入排卸场地要听从指挥，卸完后应及时落下翻斗，务必确认翻斗已落后方可动车，严防翻斗竖立刮坏高空线路和管道等设施。

17）自卸汽车在翻斗升起与落下时不准人员靠近，卸载工作完毕后应将操纵器放置空挡位置，防止行车时翻斗自动升起引起事故。

18）自卸汽车严禁运载易燃、易爆物品；驾驶室外平台、脚踏板及车斗不准载人。禁止在运行中升降车斗。

19）要加强对机动车辆进行检查、维护保养，保证机动车运行及前后车灯正常，刹车灵敏可靠。

20）矿山道路行驶技术操作“安全六戒”：一戒侵占对方路面，二戒猛打方向，三戒脱挡滑行，四戒盲目高速、滥用紧急制动，五戒强超强会，六戒气压不足又连续点压制动踏板。

（3）斜坡卷扬提升

1）斜坡道与上部车场和中间车场的连接处，应设置灵敏可靠的阻车器；斜坡道上设防跑车装置；沿斜坡道设人行踏步；斜坡轨道中间设托辊并保持润滑良好，以减少钢丝绳的磨损。

2）卷扬司机、卷扬信号工和矿仓卸矿工之间应装设声光信号联络装置。联系信号必须清楚，信号不清或中断时，不得进行作业。

3）在斜坡道上或在箕斗（矿车）、料仓里工作，必须有安全措施。调整钢丝绳必须空载、断电进行，并用工作制动。

4）应对钢丝绳及其附件以及绞车定期进行检查、试验，保证钢丝绳完好，绞车制动可靠。发现钢丝绳及其附件有下列情况之一时，必须更换：

①专门运输物料的钢丝绳在一个捻距内断丝数目达到钢丝总数的10%。

②因紧急制动而被猛烈拉伸时，在拉伸区段有损坏或长度增加0.5%以上。

③外层钢丝直径磨损达30%。

④有断股或直径缩小达10%。

⑤箕斗钢丝绳连接套因紧急制动而拔出5 mm以上，或出现其他

异常危险现象时，应重新浇注连接。

（4）斜坡牵引手推车提升

1）选择斜坡道的位置要合适，坡度不宜过大，坡道要平整，没有过大的起伏、坑沟和障碍物。

2）为防止跑车，斜坡道上部车场坡口处设挡车设施，坡口后应有一段反坡，斜坡道下部应迎坡设一挡墙。

3）卷扬机制动必须灵敏可靠。钢丝绳和挂钩的安全系数应不小于10。钢丝绳与挂钩的连接应用不少于3个绳卡与主绳卡紧，其间距为200～300 mm。

4）应定期检查、试验卷扬机、钢丝绳和连接装置。发现钢丝绳有断股或严重损坏、挂钩环损坏时，必须更换，不得修复使用。

5）卷扬机操作工应思想集中，密切注意运转情况，发现异常情况立即停车。

6）手推车的挂钩环应牢固地固定在轮轴与车架上，要防止在工作时自行脱钩。

7）手推车不得装得过满，以防矿石滚落伤人。

8）重车提到坡顶，要待车越过坡口的车挡，停稳后才能摘钩。

9）往坡底运送空车，要用钢丝绳牵引下放，不得驾车下跑；要确认手推车挂牢靠了，才能发出下放信号。

10）钢丝绳牵引手推车上下时，不准带人。斜坡道有车运行时，不准人员行走。

11）斜坡道较长时，在卷扬机与坡底之间要设联络信号。

七、小型露天采石场安全生产要求

（1）相邻的采石场开采范围之间最小距离应当大于300米。对可能危及对方生产安全的，双方应当签订安全生产管理协议，明确各自的安全生产管理职责和应当采取的安全措施，指定专门人员进行安全检查与协调。

(2) 不采用爆破方式直接使用挖掘机进行采矿作业的，台阶高度不得超过挖掘机最大挖掘高度。

(3) 小型露天采石场应当遵守国家有关民用爆炸物品和爆破作业的安全规定，由具有相应资格的爆破作业人员进行爆破，设置爆破警戒范围，实行定时爆破制度。不得在爆破警戒范围内避炮。

禁止在雷雨、大雾、大风等恶劣天气条件下进行爆破作业。雷电高发地区应当选用非电起爆系统。

(4) 对爆破后产生的大块矿岩应当采用机械方式进行破碎，不得使用爆破方式进行二次破碎。

(5) 承包爆破作业的专业服务单位应当取得爆破作业单位许可证，承包采矿和剥离作业的采掘施工单位应当持有非煤矿矿山企业安全生产许可证。

(6) 小型露天采石场在作业前和作业中以及每次爆破后，应当对坡面进行安全检查。发现工作面有裂痕，或者在坡面上有浮石、危石和伞檐体可能塌落时，应当立即停止作业并撤离人员至安全地点，采取安全措施和消除隐患。

采石场的入口道路及相关危险源点应当设置安全警示标志，严禁任何人员在边坡底部休息和停留。

(7) 在坡面上进行排险作业时，作业人员应当系安全带，不得站在危石、浮石上及悬空作业。严禁在同一坡面上下双层或者多层同时作业。

距工作台阶坡底线50米范围内不得从事碎石加工作业。

（8）小型露天采石场应当采用机械铲装作业，严禁使用人工装运矿岩。

同一工作面有两台铲装机械作业时，最小间距应当大于铲装机械最大回转半径的2倍。严禁自卸汽车运载易燃、易爆物品；严禁超载运输；装载与运输作业时，严禁在驾驶室外侧、车斗内站人。

（9）废石、废碴应当排放到废石场。废石场的设置应当符合设计要求和有关安全规定。顺山或顺沟排放废石、废碴的，应当有防止泥石流的具体措施。

（10）电气设备应当有接地、过流、漏电保护装置。变电所应当有独立的避雷系统和防火、防潮与防止小动物窜入带电部位的措施。

（11）小型露天采石场应当制定完善的防洪措施。对开采境界上方汇水影响安全的，应当设置截水沟。

（12）小型露天采石场应当加强粉尘检测和防治工作，采取有效措施防治职业危害。

（13）小型露天采石场应当在每年年末测绘采石场开采现状平面图和剖面图，并归档管理。

八、露天矿山排水系统

山坡露天矿一般可实现自流排水。露天矿山排水系统主要是指进入凹陷露天采场的地下水和大气降水，分为露天排水（明排）和地下排水（暗排）两类。

露天排水又分为露天采场底部集中排水方式和露天采场分段截流

永久泵站排水方式。露天采场底部集中排水方式，是将排水泵站设置在露天坑的底部。这种排水方式其泵站需频繁移动。露天采场分段截流永久泵站排水方式，是沿着露天边坡设置多级泵站，从下往上逐级抽排矿坑水。这种排水方式需在最低工作水平设置临时泵站，当最低工作面下降到一定程度时，再设置永久性固定泵站。

露天矿井巷排水方式是将露天矿的涌水通过露天坑内的泄水井、泄水平巷、集水平巷，最后集中到排水井巷的水仓中，由排水泵经竖井或斜井排出地表。

第四节　边 坡 管 理

露天矿山的边坡直接影响到矿山的安全生产，边坡管理不好，将给作业人员和生产设备带来极大的危害。一些小型露天采石场由于其开采工艺落后，采用一面坡的开采方式，由于边坡过高、过陡，导致边坡坍塌和浮石滚落，造成的人员伤亡相当严重。因此，露天矿山边坡管理工作非常重要。

一、边坡破坏的类型

露天开采破坏了边坡岩体内的原始应力平衡，在次生应力场作用下，发生滑坡和坍塌的现象，称为边坡破坏。边坡破坏的类型可分为三大类：

1．崩塌

崩塌也称坍塌。它是边坡表层岩体丧失稳定性的结果，表现为坡面表层岩体突然脱离母体，迅速下落且堆积于坡脚，有时还伴有岩石的翻滚和破碎。在边坡过高、过陡，边坡脚的岩体受压破坏或因人工开采破坏，甚至形成伞岩、倒坡等情况，即使是均质硬岩，也容易出现崩塌破坏。一般坍塌范围不大，塌方量较小，较容易处理，如图4—10 所示。

2. 倾倒

倾倒是因为边坡内部存在一组倾角很陡的结构面，将边坡岩体切割成许多相互平行的块体，而临近坡面的陡立块体缓慢地向坡外弯曲和倒塌，如图 4—11 所示。

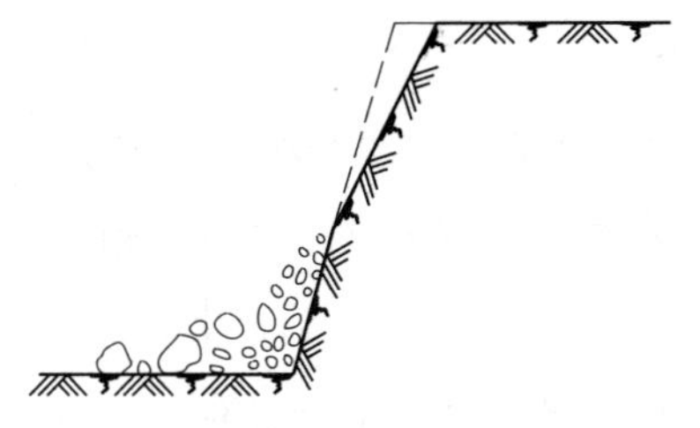

图 4—10 边坡崩塌

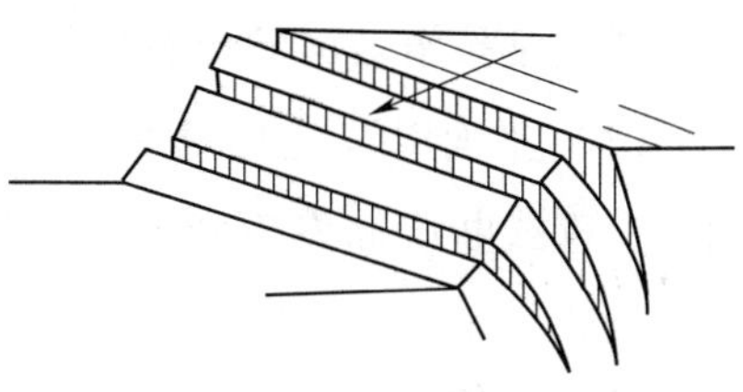

图 4—11 边坡倾倒

3. 滑坡

滑坡是在较大范围内边坡上的岩体沿某一特定的滑面发生的滑移，是露天矿边坡最常见的破坏形式。该滑动面经常是由各种地质构造形成的弱面，以及极不稳定的软岩夹层和遇水膨胀的软岩面形成的弱面。极不稳定的软岩夹层和遇水膨胀的软岩面还可能沿弱面产生大面积滑坡。当结构面的倾向、走向与边坡一致，倾角小于边坡的倾角，欲滑移体两侧有自由面或其他结构面，下部又被采空时，就会发生岩层面滑落现象。

滑坡的形态一般是四周被裂隙所圈定，滑面为平面或曲面，滑体上往往有滑坡台阶，滑坡后壁上可能有擦痕，滑动轴向则是在滑体运动速度最大的方向上，如图 4—12 所示。

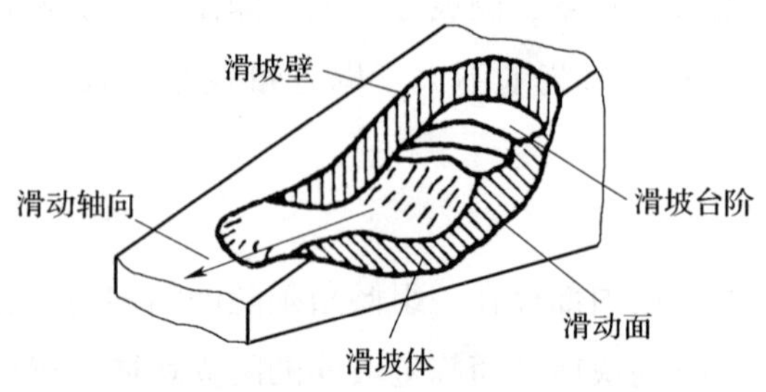

图 4—12　边坡滑坡形态示意图

滑坡常按滑坡面的形态划分为三类：

（1）平面滑坡（见图 4—13a）。边坡沿某一主要结构面，如层理面、节理或断层面发生滑动。边坡中如有一组结构面与边坡倾向相似，且其倾角小于边坡角而大于其内摩擦角时，常会发生此类滑动。一般多发生在夹层或有黏土层的岩体中，有时也发生在其他弱面中，以及在有较厚的破碎带或断层等情况下。

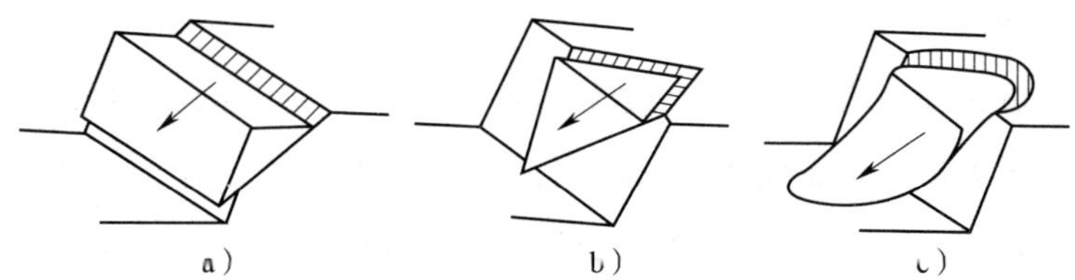

图 4—13　边坡滑坡类型

a）平面滑坡　b）楔形滑坡　c）圆弧滑坡

（2）楔形滑坡（见图 4—13b）。当边坡岩体中存在两组或两组以上结构面相互交切成楔形体，切结构面的组合交线倾角小于边坡角且大于其内摩擦角，两结构面的下端在边坡上露出时，容易发生此类滑动。楔形滑坡前一般不易发现，规模有大有小，可能发生在单个台阶上，也可能发生在几个台阶甚至整个边坡上。

如出现小的滑坡体，可在其下部留设一安全平台，用以拦截滑落岩块。

(3) 圆弧滑坡（见图 4—13c）。滑动面成弧形是其特点。它常见于土体、散体结构岩体和均质软岩中，如风化岩石、均质软岩、尾矿坝和废石堆中。出现圆弧破坏前，往往在坡顶出现张裂隙。

各类滑坡的共性是：滑坡发生前一般都表现出程度不同的前兆现象，滑坡堆积体运距不远，故滑体各部分相对层次在滑动前后变化不大；在运动状态方面，较完整的滑坡体基本上沿着一定形状的滑动面由缓慢到加速向下滑动，在此滑动过程中，可能有某些间歇、跳跃等不连续的运动状态，但一般无翻转、滚动等现象。

二、影响边坡稳定的主要因素

影响边坡稳定的主要因素如下：

(1) 岩石的物理力学性质：主要有岩石的硬度、凝聚力和内摩擦角等。一般岩石的硬度越大越稳定。通常见到的滑坡是在砂质岩、泥岩、灰岩及片理化的岩层中发生。

(2) 地质构造：主要是由节理、断层和破碎带以及极不稳定的软岩夹层和遇水膨胀的软岩面等形成的弱面，往往构成边坡滑坡的滑动面，是造成边坡滑坡的重要原因。

(3) 水文地质条件的影响：包括地表水的渗入和地下水。露天矿的滑坡多发生在雨季或解冻期。当地下水赋存于岩石弱面中时，水的作用显著增大岩体的滑动力和减小弱面间的摩擦力，从而使边坡的稳定性降低。

(4) 开采技术条件的影响：包括边坡角、边坡形式、开采程序、推进方向以及穿爆工艺等的影响。边坡角越小，边坡越稳定；上部较缓、下部陡的边坡比上部陡、下部缓的边坡稳定而经济；边坡出露的时间越短越稳定；爆破震动作用也会影响边坡的稳定性。由于边坡角较陡而导致的边坡坍塌事故占边坡事故的大多数。

（5）管理方面的影响：如超挖坡脚，在边坡上部堆置废石和设备，建筑房屋等，都会降低边坡的稳定性。

（6）地震对边坡的稳定也有影响。

三、边坡事故的预防

露天采场边坡滑坡、工作台阶和非工作台阶的坍塌以及浮石冒落统称为坍塌事故。预防边坡坍塌事故的主要措施如下：

1．技术措施

（1）贯彻“采剥并举、剥离先行”的方针，超前剥离表土和风化层。

（2）确定合理的台阶高度、平台宽度和台阶坡面角。确定台阶高度要考虑矿岩的埋藏条件和力学性质、穿爆作业的要求、采掘工作的要求。实施浅眼爆破时，分层高度不得超过 6 m；实施中深孔爆破时，分层高度不得超过 20 m。

（3）确定合理的开采顺序和推进方向，从上到下逐层开采，禁止一面坡的开采方式，严禁“掏采”。

（4）正确选择最终边坡角，确定合适的边坡形式。最终边坡角与岩石的性质、地质构造、水文地质条件、开采深度、边坡存在年限有关，中小露天矿边坡角可参考表 4—3 的相关参数值。最终边坡角根据岩体的稳定性确定，但最大不得超过 60°。应按设计确定的宽度预留安全平台、清扫平台、运输平台。

表 4—3　　中小露天矿边坡角参考值

开采深度（m） 岩石硬度系数（f）	最终边坡角（°）				工作台阶坡面角（°）
	90	180 m 以内	240 m 以内	300 m 以内	
15 ~ 20	60 ~ 68	57 ~ 65	53 ~ 60	48 ~ 54	75 ~ 80
8 ~ 14	50 ~ 60	48 ~ 57	45 ~ 53	42 ~ 48	65 ~ 75
3 ~ 7	43 ~ 50	41 ~ 48	39 ~ 45	36 ~ 42	60 ~ 65
1 ~ 2	30 ~ 43	28 ~ 41	26 ~ 39	24 ~ 36	15 ~ 60

（5）合理进行爆破作业，减少爆破震动对边坡的影响。爆破震动可能损坏距爆源一定距离的采场边坡和建筑物，在临近边坡处尽量不采用大规模的齐发爆破，采用控制爆破方法，如微差爆破、预裂爆破、缓冲爆破等，并严格控制同时爆破的炸药量，以减少爆破震动对边坡的影响。尽量不采用抛掷爆破，多采用松动爆破。

（6）做好露天坑的防排水工作、加强对地表水和地下水的治理。对于因地表水大量渗入和地下水运动影响而不稳定的边坡采用疏干的方法，治理效果较好。对地表水和地下水治理的一般措施有：地表截水沟排水、水平疏干孔、垂直疏干井、地下疏干巷道。在露天边坡上的台阶也应有一定的坡度，使边坡不会积水。

（7）加强边坡整治，采取减小滑体下滑力和增大抗滑力措施。具体方法有缓坡清理法与减重压脚法。在生产过程中，根据揭露的边帮的岩体情况和积累的经验对边坡及时平整和刷帮，改变边坡的轮廓和形状，以提高边坡的稳定性。

（8）增大边坡岩体强度和人工加固露天边坡工程技术。对节理、裂隙等容易引起坍塌事故的地质构造发育的矿山，可采取人工加固措施来治理滑坡。

边坡人工加固措施主要如下：

1）挡墙：钢筋混凝土挡墙和重力式挡墙两类。

2）锚杆（索）：预应力锚杆（索）和注浆锚杆（索）。

3）抗滑桩：刚性桩与弹性桩。

4）喷射混凝土加固。

5）用注浆法加固等。

6）综合支挡结构。

边坡的加固方法如图4—14所示。

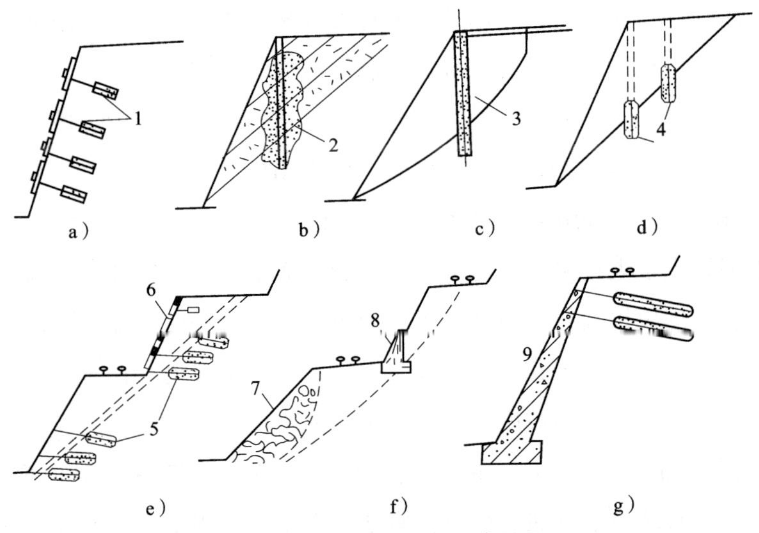

图4—14　边坡的加固方法

1—钢筋混凝土锚杆　2—钢筋混凝土桩及水泥胶结　3—大直径管桩
4—钢筋混凝土管桩　5—锚索　6—悬挂式钢筋混凝土墙
7—由岩石构成的扶壁　8—钢筋混凝土支撑墙　9—钢筋混凝土护墙

挡土墙是一种阻止松散材料的人工构筑物，它既可单一地用作小型滑坡的阻挡物，又可作为治理大型滑坡的综合措施之一。用抗滑桩加固边坡一般多用钢筋混凝土桩。钢绳锚索加固边坡是一种比较理想的加固方法，可用于具有明显弱面的加固。喷射混凝土可作为边坡的表面处理，它可以及时封闭边坡表层的岩石，免受风化、潮解和剥落，同时又可以加固岩石，提高岩石的强度。

2. 管理措施

（1）作业前，必须对工作面进行检查，清除危岩和其他危险物体。

（2）作业中，应加强观察边坡，当发现边坡上有裂隙可能坍塌或有大块浮石以及伞岩悬在上部时，必须及时上报，迅速处理。处理要有可靠的安全措施，受其威胁的人员和设备应撤至安全地点。如未处理，不得在浮石危险区进行其他任何作业和停留，并设置醒目的警示标志。

（3）当现场作业人员发现边帮有坍塌征兆时，应立即停止作业，通知受威胁的人员和设备立即撤出危险区域。

（4）应派有经验的专人负责边坡管理工作，定期对边帮进行检查、清扫，对危岩进行处理，及时消除事故隐患。

（5）对有潜在坍塌危险的边坡，应建立观测预报制度，设立专门的观测点，对边坡的变化情况进行定期观测。

（6）定期对边坡进行稳定性评价。

第五节　排土安全

一、排土场的概念

矿山为了排弃、堆置露天矿剥离的岩土和地下开采的废石，需在露天采场或地下矿山的井口附近的适当地点设置排土场。排土场可分为内部排土场和外部排土场。内部排土场是将岩土直接排弃在露天矿场的采空区内，适用于一次采掘有用矿物全厚的矿山。但大部分露天矿山采用外部排土场。

二、排土方法

根据露天矿采用的运输方式和排土机械的不同，排土方法可分为汽车运输—推土机排土、铁路运输—挖掘机排土、前装机排土、卷扬（胶带机）排土、人工堆排。

1. 汽车运输—推土机排土

该方法是用自卸汽车沿排土场边沿卸载，用推土机推排汽车卸载时留落在平台的残余量，以及克服排土场下沉陷落和平整场地的推排工作。该法工序简单，机动灵活，爬坡能力强，安全性好，适应在各种复杂地形的排土场作业，可实行高台阶排土，排土场内的运距短，可在采场外就近排土。

2. 铁路运输排土

该方法是采用铁路运输废石，采用其他移动式设备进行转排工作，如排土犁、挖掘机、排土机、前装机、索斗铲等。

3. 卷扬（胶带机）排土

该方法是将废石经卷扬（胶带机）提升沿斜坡道逐步向上堆置成一个人造山。适用于平原地区的地下矿山、手选废石等，堆置高度可达 100 m 以上。

4. 人工排土

该方法是以窄轨人力运输或手推车运输废石，辅之以小卷扬提运。该法工序均由人工完成，简单易行，劳动强度大，适用于小型矿山。

三、排土场常见事故

排土场是矿山最大的固体废物堆置场，由于排土场地质条件不良、排放的散体岩石变形量大、易于流动等特点，致使排土场安全问题严重。排土场常见的安全问题有泥石流、滑坡、滚石等事故。

1. 排土场泥石流

排土场在一定的地形坡度和一定的降雨条件下，特别是在山区，排弃岩土堆积在山沟，一旦山洪暴发，很容易发生泥石流。我国南方多雨地区的矿山大多发生过排土场泥石流灾害，致使大片农田被淹，铁路、公路被毁，河道堵塞，人民生命财产遭受重大损失。如 1990 年，四川甘洛铅锌矿堆放的大量废石在暴雨季节形成了泥石流，造成了 36 人死亡，同时威胁到成昆铁路的安全。地下矿山的废石量虽然较露天矿山小得多，但在南方的山区，由于场地狭窄，难以找到合适的开阔地，排土场必须选在山沟中，在雨季也容易形成泥石流。

2. 排土场滑坡

排土场滑坡是仅次于排土场泥石流的第二大灾害，主要受排土场地形、地基、是否有淤泥等软弱层、排弃的散体岩性、堆置高度、降雨等影响。我国露天矿排土场发生过多起灾害性滑坡事故。如陕西金堆城钼矿 1979 年 3 月 31 日排土场公路路基发生滑坡，滑移量达 4.8 万立方米，摧毁路堤下 50 m 外的数十间房屋，4 人丧命，覆盖大片农田，堵塞河道。

3. 排土场滚石事故

排土场滚石事故可造成房屋毁坏，人员伤亡。

此外，排土场在排弃岩土时还容易发生翻车、坠落及其他事故。

四、排土场的安全要求

排土场常见的事故主要有排土场大面积滑坡，形成泥石流，排土台阶沉降、坍塌，排弃岩石时的滚石等事故。针对以上事故，应采取如下安全措施。

1. 排土场选址的安全要求

排土场选址时，应尽量利用山谷、洼地等场所；尽量避免选择在易被山洪、河水冲刷的地区，以免淤塞河道或产生泥石流；在不可避免时，应采取截洪、排水、防冲刷等措施；排土场不应设置在将来可能扩大的露天开采境界范围内和露天边坡上；尽可能布置在工厂、居民区的下风向和水源的下游，防止粉尘污染居民区，防止岩土中的有害化学成分污染环境。

2. 预防排土场大面积滑坡，形成泥石流的措施

排土场的变形破坏，产生滑坡和泥石流的主要影响因素是基底的软弱岩层，排弃物中含大量表土和风化岩石，以及地表汇水和雨水的作用。其治理措施主要有：

（1）软岩基底处理。若基底表土或软岩较薄，可在排土前先挖掉。并在排土场周围挖掘排水沟降低地下水位。

（2）改进排土工艺，合理控制排土顺序，避免形成软弱夹层。同时将坚硬大块岩石堆置在底层以稳固基底，或将大块岩石堆置在最低一个台阶反压坡脚。

（3）疏干排水。对排土场上方山坡汇水截流，将水疏排至外围低洼处。为使排土场平台本身的汇水不致侵蚀和冲刷边坡，将平台修成2% ~5%左右的反坡，使水流向坡根处的排水沟排出界外。在排土场平台修筑排水沟拦截平台表面山坡汇水。当排土场范围内有出水

点时，必须在排土之前采取措施将水疏出。排土场底层应排砌大块岩石，并形成渗流通道。

（4）修建护坡挡墙。护坡挡墙应修在基岩上，并留排水孔。

（5）排土场进行植被。

（6）汛期前应做好防汛准备工作。汛期应对排土场和下游泥石流拦挡坝进行巡视，发现问题应及时修复，防止连续暴雨后发生泥石流和垮坝事故。洪水过后应对坝体和排洪构筑物进行全面认真的检查与清理。发现问题应及时修复。

3. 预防排土设备翻车、坠落的措施

（1）为了预防排土台阶沉降、变形、坍塌而导致排土设备翻车、坠落，应分区间歇式排土，让新排弃的岩土有充分的时间沉降和压实，避免局部排土工作面推进太快引起边坡失稳。

（2）铁路线要经常垫道。

（3）应随时观察和监测平台岩土的稳定状态，发现滑坡预兆，要立即将排土设备撤离现场。

（4）为了预防汽车排土时发生坠落事故，排土场应经常保持平整，并保持3%～5%的反坡。在卸载平台边缘设置安全车挡以防汽车、前装机、铲运机以及手推车卸载时滑落到坡下。车挡是由推土机就地堆置岩土而成，或在平台边缘设置金属车挡。汽车卸载应有专人指挥，减速慢行，在同一地段不准同时进行卸排和推排作业。

（5）为了预防人员坠落事故以及人员影响排土作业，进行排弃作业时，必须圈定危险范围，设置警戒标志，危险范围内严禁人员进入。

（6）人工排土时，禁止人员站在车架上卸载或在卸载侧处理粘帮。

(7) 列车在卸车线上运行和卸载时，其运行速度在移动线上不超过 15 km/h，在排土线上不超过 8 km/h。列车运行中不准卸载（曲轨侧卸式和底卸式矿车除外)。卸载顺序应从尾部向机车方向依次进行，机车应以推进方式进入独头线路。列车推送时，应有调车员在前引导。

(8) 挖掘机挖排作业时，严禁超挖卸车线路基。

4. 预防滚石事故的措施

为了防止滚石伤人事故，排土场与其下部的采矿场、工业场地、居民区、道路等之间应保持一定的安全距离，安全距离可参考表 4—4 确定，或者设置安全挡墙。

表 4—4　　　　大块石滚落距离

排土场堆置高度（m）	10	12	16	20	25	30	40
大块石滚落距离（m）	15	16	18	20	22	24	27

五、排土场安全管理与检查

1. 安全管理

(1) 建立健全排土场安全管理规章制度，加强排土场安全管理。

(2) 严格按照设计文件的要求和有关技术规范，做好排土场安全检查和监测工作，定期进行排土场监测。排土场出现滑坡征兆，应加强监测。

(3) 排土场生产过程中，排土工艺、排土顺序、排土场的阶段高度、总堆置高度、安全平台宽度、总边坡角、废石滚落可能的最大距离等参数必须严格遵守金属非金属矿山安全规程和设计的规定。未经技术论证和相关部门的批准，不得随意变更排土场设计或设计推荐的有关参数。

（4）滚石区应设置醒目的安全警示标志，严禁在排土场作业区或排土场边坡面捡矿石和其他活动。

（5）山坡排土场周围修筑可靠的截洪和排水沟。汛期前，要疏浚排土场内外截洪沟，检查排洪系统的安全情况，备足抗洪物资，落实应急救援措施。洪水过后，要对边坡和排洪系统进行全面检查与清理。

（6）排土场出现各种病害的，必须限期整改，及时消除事故隐患，防止发生滑坡、泥石流等重大事故。

2. 安全检查

要加强对排土场进行安全检查，防止发生滑坡、泥石流、滚石事故，一旦发现异常情况，要及时进行处理。

排土场稳定性安全检查的内容包括排土参数、变形、裂缝、底鼓、滑坡等。

（1）检查排土参数，包括排土场段高、排土线长度、反坡坡度、安全挡墙的底宽、顶宽和高度，铁路排土场的线路坡度和曲率半径，挖掘机至站立台阶坡顶线的距离，外侧履带与台阶坡顶线之间的距离等。

（2）检查排土场变形、裂缝情况。排土场出现不均匀沉降、裂缝时，应查明沉降量，裂缝的长度、宽度、走向等，判断危害程度。

（3）检查排土场地基是否隆起。排土场地基、坡面出现隆起、裂缝时，应查明范围和隆起高度等，判断危害程度。

（4）检查排土场滑坡。排土场滑坡时应检查滑坡位置、范围、形态和滑坡的动态趋势以及成因。

（5）检查排土场坡脚外围滚石安全距离范围内是否有建构筑物，

是否有耕种地，不得在该范围内从事任何活动。

（6）排水构筑物安全检查主要内容：构筑物有无变形、移位、损毁、淤堵，排水能力是否满足要求等。

（7）截洪沟断面检查内容：截洪沟断面尺寸，沿线山坡滑坡、塌方，护砌变形、破损、断裂和磨蚀，沟内物淤堵等。

（8）排土场下游设有泥石流拦挡设施的，检查拦挡坝是否完好，拦挡坝的断面尺寸及淤积库容。

第五章 地下矿山开采安全

第一节 地下开采概述

一、地下矿山井巷工程

各种矿物，都或深或浅地埋藏于地下。由于其埋藏深浅不同，开采方法也不相同，对于埋藏较浅或地表有露头的矿床，一般采用露天的方法开采；而对于埋藏较深的矿床，通常采用地下开采的方法进行开采。采用地下开采方法时，需从地表掘进一系列通达矿体的各种通道，用以提升、运输、通风、排水和行人等。并且，为了采出矿石，还需要开凿一些必要的准备工程。这些通达矿体的各种通道，通常称为矿山井巷，如图 5—1 所示。

按井巷在矿床开采中所起的作用，分为开拓巷道、采准巷道、回采巷道等。

主井是提升矿石的主要通道，一般为箕斗井或罐笼井。副井的作用是专门用来运送人员、设备、材料和提升废石；通风井是将新鲜空气送至井下作业面，将污浊空气排至地表，以使井下有一个良好的工作环境；溜矿井没有直通地表的出口，它是用以溜放矿石的垂直或倾斜天井；充填井则是专门用来下放充填材料，充填采空区或采场。

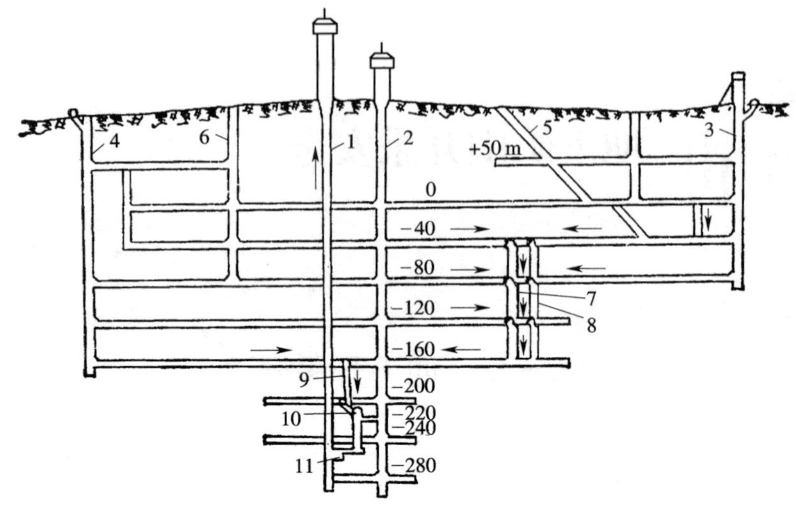

图 5—1　地下矿山井巷工程

1—主井　2—副井　3、4—风井　5—斜井　6—废石井

7、8、9—溜井　10—破碎站　11—箕斗装矿站

二、矿床开采单元及开采顺序

在开采矿体时，一般要将整个矿床划分为阶段，再把阶段划分为采区或矿块。采区（或矿块）是开采矿床的基本单元。

1. 矿床开采单元

在开采缓倾斜、倾斜和急倾斜矿体时，每隔一定的垂直距离，掘进与矿体走向一致的主要运输平巷，将矿体沿垂直或倾向方向划分为一个个的条带矿段，叫作阶段。在一个阶段，沿矿体走向每隔一定的距离掘进天井或上山，左右两个天井（或上山）和上下两个运输平巷包围的矿体部分称为矿块，也叫采区。

在开采近水平的矿体时，一般不将矿床划分为阶段，而用沿矿体走向的平巷和沿倾斜的斜巷将矿床划分为长方形的矿段，称为盘区。在盘区中，每隔一定的距离，掘垂直于走向的运输巷道，把盘区划分为独立的回采单元，称为采区。

2. 矿床开采顺序

(1) 矿床中阶段的开采顺序。阶段的开采顺序有上行式和下行式开采两种。

下行式开采是由上而下逐个阶段开采，在生产中一般采用这种开采顺序。下行式开采投资少、基建时间短、便于探矿、安全条件好、适用的采矿方法范围广。

上行式开采是由下向上逐个阶段开采，一般在开采缓倾斜矿体及某些特殊情况下采用。

(2) 阶段中矿块的开采顺序。阶段中矿块的开采顺序有前进式、后退式和混合式三种。

前进式开采是从靠近主井的矿块向矿床边界依次回采。

后退式开采是先掘进阶段平巷到矿床边界后，从矿床边界的矿块向主井方向依次后退回采。

混合式开采先用前进式回采，待阶段平巷掘至矿床边界后，再从矿床边界的矿块向主井方向依次后退回采。

三、矿床开采的步骤

矿床地下开采分为开拓、采准和切割、回采三个步骤。

1. 矿床开拓

矿床开拓是指从地表掘进一系列通达矿体的井巷，以形成提升、运输、通风、排水、供水、供电等系统。为了达到这些目的而掘进的井巷和硐室，称为开拓井巷，如井筒（竖井、斜井、斜坡道）、平硐、石门、阶段平巷、主溜井、井底车场和硐室等。这些开拓巷道在平面和空间的布置就构成了矿床开拓系统。矿床开拓方式是指采用何种类型的主要开拓巷道来形成矿床开拓系统。主要的开拓方式有平硐开拓、竖井开拓、斜井开拓、斜坡道开拓和联合开拓五种方法。

2. 矿块采准和切割

矿块采准是采矿场准备的简称，是指在完成开拓的矿床中，掘进巷道将阶段划分成矿块作为独立的回采单元，并在矿块内掘进井巷，创造行人、凿岩、放矿和通风等进行回采工作所必需的条件。为此目的掘进的巷道称为采准巷道。

切割工作是指在已完成采准工程的矿块中，为回采矿石开辟自由面和自由空间，为回采工作创造良好的爆破和放矿条件。切割工作通常包括掘进天井、拉底或切割槽，有的还要把漏斗颈扩大成漏斗形状（称为辟漏）等。

3. 回采

回采是指在完成采准、切割工程的矿块中，进行大量的采矿工作，包括落矿、矿石运搬和地压管理三项主要的作业。

落矿是指将矿石从矿体分离下来并破碎成一定块度的过程。由于矿床矿石大多都是坚硬矿石，采场落矿通常采用爆破方法进行。

矿石运搬是将回采崩落的矿石从工作面运搬到运输水平的过程。通常采用的运搬方法为重力运搬和机械运搬。机械运搬又分为电耙运搬、振动放矿机运搬和自行设备运搬等方法。

地压管理是指为了避免和减少巷道和采场开挖后围岩变形、移动和破碎冒落给采矿生产带来的危害和破坏而采取的有关技术和管理措施。

第二节　井巷掘进安全

为了勘探和开采矿床，在矿体或围岩中开掘坑道的过程，称为井巷掘进。矿山井巷包括竖井、斜井、平硐、天井、盲井、平巷和硐室等。井巷工程是矿山基本建设的主要项目，也是生产矿山进行采矿准备和生产勘探的主要工程，是矿山稳定、持续、均衡生产的保证，因此，矿山生产中，必须贯彻“采掘并举、掘进先行”的方针。

一、水平巷道掘进

水平巷道断面的形状主要有矩形、梯形和拱形等。水平巷道掘进目前普遍采用凿岩爆破法。其主要工序有凿岩、爆破、岩石装运和支护，辅助工序有工作面通风、排水、接管线、照明、铺轨和测量等。

1. 凿岩爆破

目前常用风动气腿式凿岩机打眼（炮孔），采用铵梯炸药或铵油炸药，充填炮孔，用电雷管或导爆管起爆。在平巷掘进中，一般只有一个自由面，爆破困难。为了提高爆破效果，必须正确选择炮眼布置方式。一般，平巷掘进爆破的炮眼布置方式有桶形掏槽、楔形掏槽和倾斜眼掏槽等炮眼排列方式。

2. 掘进通风

通风的作用一是排除有毒有害气体（炮烟）和粉尘，二是供给工作面人员足够的新鲜空气。掘进通风一般是利用局部扇风机（局扇）和风筒进行通风。

3. 岩石装运

把掘进工作面爆破下来的岩石装入矿车运出工作面，就是岩石的装运作业，亦称出碴。平巷掘进一般采用装岩机出碴，如铲斗后卸式、耙斗式、抓爪式连续装岩机。装岩机有有轨的和无轨的，有轨装岩机必须铺设轨道。按照动力分有电动的和柴油的。无轨运输方式大大提高了装运效率，但柴油设备排出的废气对巷道空气污染严重。

4. 井巷支护

为了保持井巷的稳定，防止巷道壁垮落和过大变形，一般要进行井巷支护。根据支护材料和形式的不同，主要有木支架、金属支架和钢筋混凝土支架，还有混凝土和石材砌碹支护。近年来，喷锚支护、喷网支护得到了广泛使用，简化了支护工序，提高了支护效果，主要有喷射混凝土（喷射砂浆）支护、锚杆支护、喷射混凝土锚杆支护、喷射混凝土与金属网联合支护以及喷射混凝土锚杆、金属网联合支护。支护可以在掘进工作结束后马上进行，也可落后于掘进工作面一定距离并与掘进工作平行进行，但对于不稳固的岩层，必须随着掘进工作的进行及时进行支护。

上述作业完成后，必须及时铺设轨道，架设风水管线和照明线路，装设局扇，下一作业循环才能顺利进行。

二、竖井掘进

竖井一般是矿山的主要开拓工程，因此，断面积一般比较大，形状一般为圆形断面，混凝土支护。在岩石比较稳固、断面积较小、深度不大、服务年限不长时，也可选用矩形断面。竖井除了布置有提升容器外，还有梯子间、管道、电缆等，还要满足通风的要求。

竖井掘进包括准备工作、表土施工、基岩掘进。

准备工作主要指修路、平整场地、修建临时建筑物和临时井架，安装掘进所需的压气、通风、提升、排水等设备，以及材料、设备准备等。

表土施工即挖掘井筒所穿过的表土。挖掘表土应安设临时支架。表土挖掘完毕应砌筑永久支护。

基岩掘进包括凿岩爆破、通风、装岩、提升岩石、排水和支护等工序。竖井掘进采用手持式凿岩机打下向炮眼，由于井筒涌水，故采用胶质炸药或其他防水炸药，用电雷管起爆。通风常采用局扇进行压入式通风。装岩工作一般采用抓岩机把爆破后的岩石装入吊桶，由绞车提升到地面。工作面的积水可用吊桶或吊泵排至地表。每次爆破岩石装完后，应及时用金属支架进行临时支护；当井筒掘进到一定深度以后（一般为数十米），就从下向上砌筑永久支护。砌筑永久支架的工作是在吊盘上进行的。吊盘是由地面的低速绞车升降，在吊盘中有通过吊桶和吊泵等的孔。

三、斜井掘进

斜井的掘进方向居于水平和垂直之间，其掘进的主要工序有许多与平巷和竖井相同。斜井掘进用人工装岩或耙斗式装岩机，可以用矿车提升或箕斗提升。井下涌水可采用水泵排水。

四、天井掘进

天井断面的形状有矩形和圆形，溜矿天井和通风天井一般采用圆形，其直径一般为 2 m 左右。天井掘进多采用普通掘进法和吊罐掘进法，还有爬罐掘进法、深孔爆破法、牙轮钻机钻进法。

1. 普通掘进法

普通掘进法如图 5—2 所示，主要工序为凿岩爆破、通风、装岩及支护。其特点是从下而上架设梯子和工作台，即在距工作面 1.5 ~

2 m 的横撑支柱上铺上厚度为 3 ~5 cm 厚的木板作为工作台。凿眼和装药在工作台上进行。用伸缩式凿岩机打上向炮眼，采用电雷管起爆法或其他起爆法起爆。在爆破前，为了防止梯子间被炸坏，必须在梯子间顶部架设倾斜的落矿台。爆破下来的矿岩借自重落入放矿格，然后由溜矿口装入矿车。采用机械通风，常采用抽出式通风。随着工作面向上推进，需及时支护，以便架设梯子和工作台，为下一循环做准备。矩形天井的支架形式主要取决于围岩特性，当围岩稳固时，可选用横撑支柱。

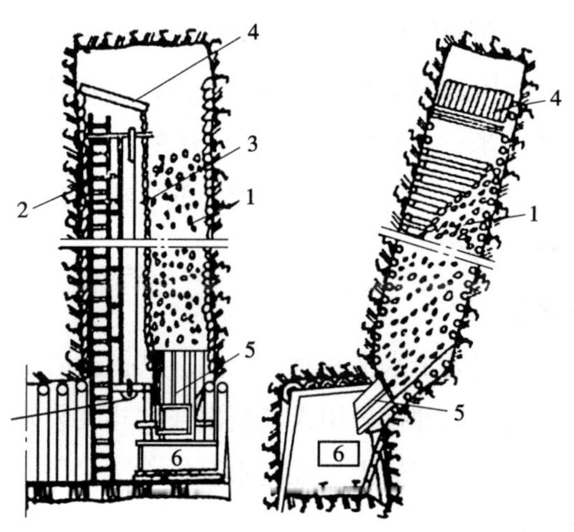

图 5—2　天井普通掘进法

1—放矿格　2—梯子间　3—提升格　4—落矿台　5—溜井口　6—矿车

2．吊罐掘进法

吊罐掘进法如图 5—3 所示。在天井全高上沿中心线钻一个直径为 100 ~150 mm 的钻孔，在天井上部水平安设游动绞车，通过中心钻孔用钢丝绳沿天井升降吊罐。吊罐是凿岩、装药的工作台，也是升降人员、设备等的提升容器。爆破前将吊罐下放至下部水平，并躲避在距天井口 4 ~5 m 的地方。

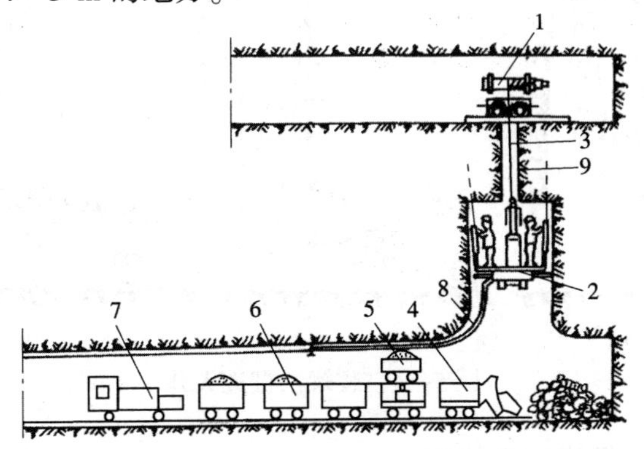

图 5—3 吊罐法掘进天井

1—游动绞车 2—吊笼 3—提升井绳 4—装岩机 5—斗式转载机 6—矿车 7—架线电机车 8—风水管和电缆 9—中心钻孔

吊罐法掘进天井与普通法相比，由于中心钻孔的存在，改善了通风条件，缩短了通风时间。无须架设梯子和工作台，支护待天井全部掘完后依次进行。爆破下来的矿岩借自重落到下部水平巷道底板，然后用装岩机装入矿车直接运走。吊罐掘进法机械化程度高，是一种较好的天井掘进法。

3. 爬罐掘进法

爬罐法如图 5—4 所示，与吊罐法相比，工作用的罐笼不用钢绳悬挂，而是沿着天井壁的轨道升降。工人乘爬罐升到工作面，在钢板保护下凿岩；装药连线后，爬罐从工作面下降到平巷安全处，即可爆破；爆破以后，用导轨后的风管喷出风水混合物清洗工作面进行通风，然后工人乘罐上升到工作面撬浮石，以利下一个循环的作业；最后在巷道底板上用装岩机等清理爆落下来的矿岩。

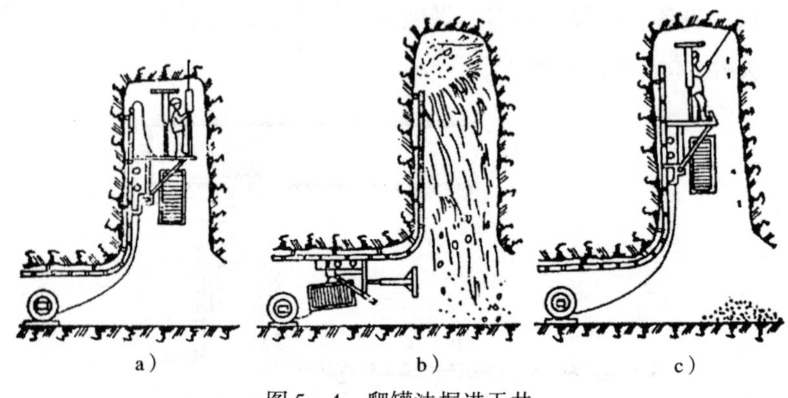

图 5—4　爬罐法掘进天井

五、井巷掘进安全措施

（1）井巷掘进工程要编制掘进施工方案，分析存在的危险有害因素，提出事故防范措施，并报总工程师或技术负责人批准，方可施工。

（2）施工单位必须严格按照作业规程进行施工。

（3）当掘进工作面前方有水害危险时，要制定探水措施方案，进行探水前进，只有待水害危险解除后，才能停止探水工作。

（4）进入独头掘进工作面前，首先要检查炮烟、粉尘、顶板、支护等情况，必须等炮烟和粉尘排尽，顶板浮石排尽，支护加固以后，人员方可进入作业。正式作业之前，要用局扇进行通风。

（5）严格执行防尘措施，凡是掘进工作面必须采用湿式钻眼、装岩洒水，严禁打干眼。

（6）在井筒内进行高处作业应佩戴安全带。

（7）平巷、斜井、斜坡道掘进时，要保证其宽度、高度、坡度满足运输设备的规格要求。

(8) 天井、溜井掘进时，应尽快与上部巷道贯通，贯通前宜不开或少开其他工程；需要增开其他工程的，应加强局部通风。天井与上部巷道贯通时，加强上部巷道的通风和警戒。天井掘进到距上部巷道约7 m时，测量人员应当给出贯通位置，并在上部巷道设置警戒标志和围栏。

(9) 采用普通法掘进天井、溜井时，架设的工作台应牢固可靠，及时设置安全可靠的支护棚，并使其至工作面的距离不超过6 m。掘进高度超过7 m的，应装备梯子间和溜渣间，溜渣间应保留不少于一茬炮爆下的矿岩量，不应放空。

(10) 用吊罐法掘进天井，上罐前要检查吊罐各部件的连接装置、保护盖板、钢丝绳、风水管接头，以及通信联系设施是否完善、牢固；升降吊罐时，应认真处理卡帮和浮石，作业人员应系好安全带，并站在保护盖板内，头部不得接触罐盖和罐壁；升降完毕，立即切断吊罐稳车电源，绑紧制动装置；不应从吊罐内往下投掷工具和材料。

(11) 用爬罐法掘进天井，爬罐运行时，人员应站在罐内，遇卡帮或浮石，应停罐处理。爬罐行至导轨顶端时，应使保护伞接近工作面，工作台接近导轨顶端；一般不得利用自重下降。及时擦净制动闸上的油污。

(12) 在不稳固的岩层中掘进井巷，应进行支护。在松软或流沙岩层中掘进，永久性支护至掘进工作面之间，应架设临时支护。

六、井巷掘进中常见事故及其预防措施

矿山井巷工程施工的主要特点是：作业空间狭小，通风照明条件差；温度高、湿度大、噪声大，劳动条件恶劣。同时，井巷通常要通

过各种不同的岩层，地质条件复杂，潜在的不安全因素多，危险性大，屡屡发生冒顶、片帮、透水、爆破、机械伤害、中毒窒息等各种事故，造成人员伤亡，财产损失。因此，必须十分重视井巷掘进安全问题。在施工时，必须制订周密细致的组织计划，完善施工管理和安全管理，提高机械化水平，采用先进的技术、设备和施工方法，确保井巷掘进工程质量，保证作业人员的人身安全。

1. 凿岩事故及预防措施

凿岩机打眼时，常常会发生风、水管飞出伤人；打眼前“敲帮问顶”不仔细，浮石松动震落击伤作业人员；钢钎打入盲炮孔、残药，引起爆炸伤人等事故。为了防止上述事故发生，应当采取下列预防措施：

（1）凿岩作业前应准备好照明、长短撬棍及凿岩设备和工具。

（2）严格执行“敲帮问顶”制度，仔细检查工作面有无松动浮石，支架有无破损和异常现象，一经发现，应立即处理。处理人员要站在安全地点，使用长柄工具由外向里逐步进行。

（3）炮眼开门时，应减少进气量，让钎头钻进 3 ~ 5 cm 后再增加进气量。打眼时钎子、风钻和钻架应保持在同一垂直面上，钎子应保持在炮眼中心位置旋转，保证炮眼平直，减少钎子与眼壁摩擦。打眼时，持风钻的人要站在风钻的侧后方，紧贴风钻，不让风钻左右摇晃，尽量避免断钎。万一断钎，要迅速抱住钻机，以免钎杆崩出伤人。

（4）放炮后，要及时检查有无残、盲炮，如有，要及时处理。严禁打残药。

（5）严禁打干眼。开钻时要先开水后开风，停钻时要先停风后停水，给水要适量，减少粉尘发生。

（6）掘进工作面通风较困难，要采用局扇通风，保证作业面有足够的新鲜空气，防止人员中毒窒息和患尘肺病。

（7）在地下水较复杂的地段掘进，应采取打超前孔进行探放水。如发现透水预兆，人员应立即撤退。

2. 冒顶片帮事故及预防措施

冒顶片帮在井巷掘进过程中经常发生，极易造成作业人员伤亡。防止井巷工程施工中冒顶片帮的措施有：

（1）作业面放炮以后，必须立即通风，待炮烟吹散后，派有经验的工人进入工作面进行“敲帮问顶”，检查清理顶板和两帮浮石，然后进行下一道工序的作业。

（2）存在两组以上节理切割、假顶的场所，要加强“敲帮问顶”，一时撬不下来的应停止作业，不得在下面冒险蛮干。

（3）撬顶工具长短要合适，人要站在安全的位置，用力合适。

（4）在不稳固岩层中掘进井巷，最大控顶距要保持在作业规程规定的范围内，一般不超过 1 m。经常检查巷道支护情况，如有损坏，应及时修理维护。

（5）采用棚式支架时，支架背板要背严填实，不能有空顶空帮现象。

（6）采用砌碹支护时，在碹拱固结之前，不能拆除、破坏支架。

（7）天井支架必须保证质量，井盘与帮壁背严刹紧，防止“脱裤”发生。

（8）主井施工临时支护不宜过长，要经常检查，防止松动片帮。

3. 装岩、运输事故及预防措施

掘进井巷由于工作面狭窄，在装岩、运输过程中，常发生矿车、装岩机掉道伤人、挤伤人、撞人、触电事故等，竖井施工还容易造成抓岩机撞、压、挤伤人，吊桶装岩过满落石伤人。在装岩、运输过程中，要采取如下安全措施。

（1）开车前，要检查装岩机的机械、电气是否完好，然后接通电源，打开照明灯，进行空斗试车，检查各按钮是否灵活，动作是否准确可靠。

（2）任何人在铲斗作业范围内及挂在装岩机后的矿车附近停留和作业，要注意避免铲斗、石块伤人。

（3）不得两人同时操作一辆装岩机。

（4）不得铲取大块岩石。

（5）人工推车时，一个人只准推一辆车，在能够自滑的轨道上行车时速度不得超过 3 m/s。矿车驶近道岔、巷道口、风门、弯道、坡度较大的区段时，要减速慢行。两车相遇、前面有人或障碍物、发生脱轨等事故时，应及时发出警示信号。

（6）斜井提升要设置“一坡三挡”，以防跑车。“一坡”是指在斜井井口或上部车场设反坡；“三挡”是在上部车场接近变坡点处安设自动复位式（或联动式）阻车器，在变坡点下 20 m 的挡车器，在坡底安装挡车栏。

（7）竖井施工采用人工装岩时，作业面人数不宜太多，要防止工具碰撞伤人。装岩前要处理好井壁浮石。采用抓岩机装岩时，抓岩机司机要站在抓岩机的侧面。吊桶不得装得太满，岩石面要低于桶口 10 cm。

（8）装岩作业时，不得进行注油、检修工作。装运设备检修时要切断电源。

(9) 装岩机司机应经过培训考核合格，方可上岗作业。

4. 高处坠落事故及预防措施

在天井、竖井、大断面硐室施工中，容易发生高处坠落事故，应采取如下安全措施：

(1) 在竖井、天井、溜井和漏斗口上方作业和距坠落基准面 2 m 以上的地点下方设防坠保护平台或安全网，作业人员必须佩戴安全带，吊桶升降人员也要佩戴安全带和保险绳。

(2) 天井、溜井和漏斗口必须设有标志、照明、护栏或格筛、盖板。

(3) 上、下人员梯子或扒钉的支持点位于井框横梁上，梯子的倾角不大于 80°，平台出口要保证 $0.6\times0.7\ m^2$ 以上。

5. 物体打击事故及预防措施

在天井、竖井、大断面硐室掘进时，经常有高处立体交叉作业，容易发生物体打击事故。为了防止物体打击事故，应采取如下安全措施：

(1) 竖井施工时，井口应设置临时封口盘，井盖门两端应设栅栏。井盖门只准在吊桶上、下通过时打开，吊桶过后应立即关闭。

(2) 升降吊盘应严格进行安全检查。移动吊盘，由专人指挥，移动完毕要加以固定，并将吊盘与井壁之间的空隙盖严，经检查确认可靠方准作业。

(3) 竖井凿岩前下方风水管应由上方慢慢下放，不得由下方的人往下拉，以免将井筒内或吊盘上的物体碰落掉下伤人。凿岩时，不准人乘坐吊桶至工作面。

（4）卸碴设施应严密，不允许向井下漏碴漏水。

（5）在井筒内凿岩或出碴，要检查临时支护牢固情况，防止围岩受震动滑落伤人。

（6）在天井、竖井上部作业的人员，携带的工具、材料应捆绑牢固或置于工具袋内；多人同时上、下时，背工具的必须走在下方。人员上、下时，上方的设备、工具必须固定牢靠。不应向（或在）井筒内投掷物料或工具。

（7）斜井提升岩石或下放物料要有防止物体滚落的措施。

6. 爆破事故及预防措施

爆破期间，易发生爆破飞石伤人、炮烟中毒事故，应采取如下安全措施：

（1）应采取电雷管或导爆管起爆，不得采用火雷管起爆。

（2）装药连线前，要对雷管、炸药进行检查，确保爆破器材的质量。

（3）工作面禁止装药与打眼平行作业，装药、起爆要由有资格证的爆破员进行，其他无关人员不准装药。炮眼装药后，剩余的空隙要全部用炮泥和黄泥封满。

（4）放炮前必须将迎头 10 m 范围内的支护重新加固一遍，确保牢固可靠。

（5）要定时爆破。爆破前，要派人进行警戒，将相邻巷道内可能受到影响的人员撤离危险区。放炮后最少等待 15 min，待炮烟排净，先由安全员、爆破工、班队长进入工作面检查顶板、支架、粉尘、盲炮、残炮等情况，如有危险必须立即排除，之后，作业人员方准进入工作面作业。工作面放炮后发现残炮时，禁止用铁器掏残炮或用风扫残炮。

（6）相向掘进的水平巷道相距15 m时，要停止一头掘进。距离贯通地点5 m时，开始打探眼，探眼深度要超前炮眼深度0.6～0.8 m。

（7）间距小于20 m的两平行巷道中的一个巷道工作面需进行爆破时，相邻工作面的人员必须撤至安全地点。距离地下炸药库30 m以内的区域禁止爆破。

（8）在离炸药库30～100 m区域内进行爆破时，禁止任何人员留在库内。

（9）独头巷道掘进工作面爆破时，必须保持工作面与新鲜风流巷道之间的畅通。爆破后人员进入工作面之前，必须进行充分通风，并用水喷洒爆堆。

第三节　采矿安全

一、地下采矿方法

地下采矿是在采区（或矿块）中进行回采作业，通常将采区划分为矿房和矿柱，一般是先采矿房，再回收矿柱。采矿方法就是开采采区（矿块）矿石的方法，它包括采准、切割及回采三项工作，在矿块中所进行的采准、切割和回采工作的总和称为地下采矿方法。

由于矿床埋藏条件复杂，矿岩性质变化大以及其他原因，现在应用的采矿方法种类繁多，根据回采时地压管理方法，地下采矿方法归纳为三大类：空场采矿法、崩落采矿法和充填采矿法。

1．空场采矿法

空场采矿法通常将矿块划分为矿房和矿柱，分两步骤回采。矿房回采时，采空区顶板主要依靠矿岩自身的稳定性和保留的矿（岩）柱来支撑；矿房回采完毕，有计划地回采矿柱或不采矿柱。空场法分为全面法、房柱法、阶段矿房法、留矿法。该方法一般在矿石围岩稳固、地表允许陷落的条件下采用。空场法的优点是生产效率高、成本低、采场通风好。缺点是采场顶板暴露面积大，容易发生大面积冒顶事故；矿柱回采困难。

2. 崩落采矿法

崩落采矿法的特点是随着矿石采出，有计划地崩落采区上部的围岩来充填采空区，地表可以随之陷落，以控制采区地压和处理采空区。在回采过程中，不需要划分矿房和矿柱，以矿块为单元，按一定的顺序进行连续回采。因此，该方法在矿石和围岩不太稳固，而且地表允许陷落的条件下采用。

崩落采矿法主要有壁式崩落法、无底柱分段崩落法、有底柱分段崩落法和阶段崩落法。

3. 充填采矿法

充填采矿法无须划分矿房和矿柱，只做一个矿房开采，随着采区矿石的采出，采空区依靠充填料（如采掘的废石、尾矿、混凝土等）、支柱、充填料与支柱相配合形成的人工支撑体支撑采空区。这种采矿方法能有效地维护采空区，对围岩的稳固性要求不高。它主要适用于开采贵重、稀有矿床和地表不允许陷落的水下、建筑物下和构筑物下的矿床。

根据所采用的充填料以及充填料输送系统的不同，充填采矿法又分为干式充填采矿法、水力充填采矿法和胶结充填采矿法。

二、采矿方法安全规定

1. 一般规定

（1）地下采矿作业，应按采矿设计和作业规程进行。

（2）每个采场，都应有两个安全出口，并连通上、下巷道。安全出口的支护应坚固，并设有梯子。

（3）一般应遵循从上到下、由里到外的开采顺序。在分段开采的矿山，上下相邻的两个中段，上下对应布置的采场禁止同时回采，只有上部采场回采结束后，方准回采下部采场。

（4）围岩松软不稳固的回采工作面、采准和切割巷道，须采取支护措施；因爆破或其他原因而受破坏的支护，应及时修复，确认安全方准作业。

作业前，应事先处理顶板和两帮的浮石，确认安全后方准进行回采作业，禁止在同一采场同时进行凿岩和处理浮石。作业中发现冒顶预兆，应停止作业进行处理；发现大冒顶危险征兆，应立即通知作业人员撤离现场，并及时上报。

（5）采场放矿作业出现悬拱或立槽时，严禁人员进入悬拱和立槽下方进行处理。

（6）回采过程中，必须严格按照设计要求保留矿柱，保证矿柱的稳定性以及运输、通风等巷道的完好，不得在矿柱内掘进有损其稳定性的井巷工程。回采矿房至矿柱附近时，应严格控制凿岩质量和一次爆破炸药量，技术人员应及时给出回采界限，严禁超采超挖。

（7）矿柱应合理回收。设计回采矿房时，必须同时设计回采矿柱。中段矿房回采结束，应及时回采上一中段的矿柱。

（8）采空区应及时处理。采空区处理方法应根据其体积、与主矿体的关系、危害等因素来决定。一般体积大，一旦塌落会造成下部整个采场甚至整个矿井毁灭的，应采用充填法或崩落法进行处理。对于采空区体积不大，或远离主要矿体的孤立采空区，可采用密闭方式进行处理。密闭墙的强度应保证能抵抗采空区崩塌时所产生的冲击波的冲击。

（9）建立顶板管理制度，对顶板不稳固的采场，应派专人负责检查。对顶板稳定性较差的采场，每班都应进行检查。

（10）地质条件复杂、地压活动频繁的矿山，应设专人管理地压。地压管理人员日常应对全矿各地段进行检查，发现险情（如支护歪斜、破损，顶板和两帮开裂等），应及时报告，通知有关人员进行分析处理。发现大的地压活动预兆，应立即撤出全部人员。

（11）地表陷落区应设明显标志和栅栏，通往陷落区的井巷应封闭，人员不准进入陷落区和采空区。

2. 全面采矿法安全规定

采用全面法采矿，回采过程中应认真检查顶板，清除浮石，并根据顶板稳定情况，留出合适的矿柱。尽量留夹石作为矿柱。

3. 分段采矿法安全规定

（1）除作为回采、运输、充填和通风外，禁止在采场顶柱内开掘其他巷道。

（2）上下中段的矿房和矿柱，应尽量相对应，规格应尽量相同。

4. 浅孔留矿法安全规定

（1）开采第一分层前，应将下部漏斗和喇叭口扩完，并充满矿石。

（2）每个漏斗应均匀放矿，发现悬空应停止其上部作业，经妥善处理悬空后，方准继续作业。

(3) 放矿人员和采场内的人员要密切联系，在放矿影响范围内不准上下同时作业。

(4) 每一回采分层的放矿量，应控制在保证凿岩工作面安全操作所需高度，作业高度一般应控制在 2 m 左右。

5. 壁式崩落法回采安全规定

(1) 悬顶、控顶、放顶距离和放顶的安全措施，应执行设计规定。

(2) 放顶前要进行全面检查，以确保出口畅通、照明良好和设备安全。

(3) 放顶时，禁止人员在放顶区附近的巷道中停留。

(4) 在密集支柱中，每隔 3 ~5 m 要有一个宽度不小于 0.8 m 的安全出口，密集支柱受压过大时，应及时采取加固措施。

(5) 放顶若未达到预期效果，应做出周密设计，方可进行二次放顶。

(6) 放顶后，应及时封闭落顶区，禁止人员入内。

(7) 多层矿体分层回采时，应待上层顶板岩石崩落并稳定后，才准回采下部矿层。

(8) 相邻两个中段同时回采时，上中段回采工作面应比下中段回采工作面超前一个工作面斜长的距离，且不得小于 20 m。

(9) 撤柱后不能自行冒落的顶板，应在密集支柱外 0.5 m 处向放顶区重新凿岩爆破，强制崩落。

(10) 机械撤柱及人工撤柱应自下而上、由远而近进行；矿体倾角小于 10°的，撤柱顺序不限。

6. 有底柱分段崩落法和阶段崩落法回采安全规定

（1）采场电耙道应有独立的进、回风道；电耙的耙运方向，应与风流方向相反。

（2）电耙道间的联络道，应设在入风侧，并在电耙绞车的侧翼或后方。

（3）电耙道放矿溜井口旁，应有宽度不小于0.8 m的人行道。

（4）未修复的电耙道，不准出矿。

（5）采用挤压爆破时，应对补偿空间和放矿量进行控制，以免造成悬拱。

（6）拉底空间应形成厚度不小于3～4 m的松散垫层。

（7）采场顶部应有厚度不小于崩落层高度的覆盖岩层，若采场顶板不能自行冒落，应及时强制崩落，或用充填料予以充填。

7. 无底柱分段崩落法回采安全规定

（1）回采工作面的上方，应有大于分段高度的覆盖岩层，以保证回采工作的安全；若上盘不能自行冒落或冒落的岩石量达不到所规定的厚度，应及时进行强制放顶，使覆盖岩层厚度达到分段高度的2倍左右。

（2）上下两个分段同时回采时，上分段应超前于下分段，超前距离应使上分段位于下分段回采工作面的错动范围之外，且不得小于20 m。

（3）分段联络道应有足够的新鲜风流。

（4）各分段回采完毕，应及时封闭本分段的溜井口。

8. 分层崩落法回采安全规定

（1）每个分层进路宽度不得超过3 m，分层高度不得超过3.5 m。

（2）上下分层同时回采时，应保持上分层（在水平方向上）超前相邻下分层 15 m 以上。

（3）崩落假顶时，禁止人员在相邻的进路内停留。

（4）假顶降落受阻时，禁止继续开采分层；顶板降落产生空洞时，禁止在相邻进路或下部分层巷道内作业。

（5）崩落顶板时，禁止用砍伐法撤出支柱；开采第一分层时，禁止撤出支柱。

（6）顶板不能及时自然崩落的缓倾斜矿体，应进行强制放顶。

（7）凿岩、装药、出矿等作业，应在支护区域内进行。

（8）采区采完后，应在天井口铺设加强假顶。

（9）采矿应从矿块一侧向天井方向进行，以免造成通风不良的独头工作面。当采掘接近天井时，分层沿脉（穿脉）应在分层内与另一天井相通。

（10）清理工作面，应从出口开始向崩落区进行。

9. 自然崩落法回采安全规定

（1）应编制好放矿计划，严格进行控制放矿。应使崩落面与崩落下的松散物料面之间的空间高度适当，防止产生空气冲击波造成人员伤害和设施破坏。

（2）在雨季应做好出矿工作的安全措施，防止暴雨产生泥石流伤人。

（3）应尽量减少用裸露药包进行二次破碎。

10. 充填法回采安全规定

（1）采场应有良好的照明；顺路行人井、溜矿井、泄水井（水砂充填用）和通风井，都应保持畅通。

（2）充填料的最大粒径，水砂充填料不大于管径的1/4，胶结充填料不大于管径的1/5。

（3）采用上向分层充填法采矿，应先进行充填井及其联络道施工，然后进行底部结构及拉底巷道施工，以便创造良好的通风条件。当采用脉内布置溜矿井和顺路行人井时，严禁整个分层一次爆破落矿。

（4）采场炮眼布置均匀，顶板应成拱形。

（5）每一分层回采后应及时充填，最后一个分层回采后应严密接顶。

（6）禁止人员在充填井下方停留和通行；充填时，各工序间应有通信联络。

（7）顺路行人井、放矿井，应有可靠的防止充填料泄漏的背垫材料，以防堵塞及形成悬空；采场下部巷道及水沟堆积的充填料，应及时清理。

（8）采用下向胶结充填法采矿，采场两帮底角的矿石应清理干净。

（9）用组合式钢筒做顺路天井（行人、滤水、放矿）时，钢筒组装作业前应在井口悬挂安全网。

（10）采用人工间柱上向分层充填法采矿，相邻采场应超前一定距离。

11. 回采矿柱安全规定

（1）回采顶柱和间柱，应预先检查运输巷道的稳定情况，必要时应采取加固措施。

（2）采用胶结充填采矿法时，须待胶结充填体达到要求强度，方可进行矿柱回采。

(3) 回采未充填的相邻两个矿房的间柱时，禁止在矿柱内开凿巷道。

(4) 所有顶柱和间柱的回采准备工作，须在矿房回采结束前做好（嗣后胶结充填采空区除外）。

(5) 除装药和爆破工作人员外，禁止无关人员进入未充填的矿房顶柱内的巷道和矿柱回采区。

(6) 采用大爆破方式强制崩落大量矿柱时，在爆破冲击波和地震波影响半径范围内的巷道、设备及设施，均应采取安全措施；未达到预期崩落效果的，应进行补充崩落设计。

三、采矿作业常见事故及其预防

1. 采场冒顶片帮事故

在采矿作业中，最常见的事故是冒顶片帮，约占采矿作业事故的40%以上。该类事故的原因主要有：矿体与围岩稳固性差，节理、断层破碎带发育；采矿方法与采场布置选择不恰当；顶板暴露面积过大，时间过长，支护措施不到位，放顶方法及时机不当，对断层破碎带没有进行及时、恰当的处理；人员处理浮石操作不当等。

预防冒顶片帮，避免伤亡事故的措施主要有：

(1) 根据矿床地质条件，选择合理的采矿方法和采场布置。矿体和围岩不稳固的矿床不得采用空场法开采。天井、漏斗应尽量布置在矿体的下盘，避免破坏上盘造成片帮事故。开采时，严格按采掘顺序，自上而下，由内向外，有计划地回采，尽量减少顶板暴露时间，加快采矿速度，缩短回采周期。

(2) 按照安全技术操作规程作业，建立正常的生产秩序和作业制度，加强职工安全技术教育、培训，提高职工安全防患意识和技术素质。

（3）建立顶板管理制度，加强顶板管理。派专人对井下地压活动情况进行检查、观察。要对采场顶帮岩石经常检查观察，及时掌握其变化情况、顶帮冒落规律。发现岩石松软时，应及时支护，尽量避免在空顶下作业。采场和附近作业点放炮后，应仔细地检查采场顶帮的岩石。检查时，人要站在安全的地方，由外向里用尖头长钎子或带矛头的竹杆撬下松动的岩石。检查处理完毕，再通知其他人员进入采场作业。

（4）注意观测顶板冒落预兆，防止发生大面积冒顶事故。大多数情况，顶板冒落之前都会有些预兆，如支架发出爆裂声、发生折断；顶板岩石发出破裂和撞击声；顶板有岩石碎块掉落，以及涌水、淋水量增大等现象，一旦发现采场有大面积冒顶的征兆，应立即停止采场作业，马上撤离作业区内的人员。

观测的方法有木楔法、标记法、信号柱法和岩体声发射仪监测法等。木楔法是用小木楔（或金属楔）楔入顶板裂缝中，如自动落下或松动，说明顶板裂缝扩大，有冒落危险。标记法是将黄泥、油漆、水泥砂浆抹在顶板裂隙上，观察其变化，也能反映出顶板变形情况。信号柱法是用木柱（毛竹）支撑在顶底板之间，发现木柱压裂，发出响声，说明顶板在下沉，当顶板下沉到一定幅度时，即有冒落危险，应将人员撤离采场。

2. 防止留矿堆中形成空洞，造成采场塌陷事故

留矿法采矿中，经常发生这种事故。如某萤石矿矿石黏结性较强，放矿漏斗上部结拱形成空洞，未及时处理，凿岩爆破时震动使采

场突然塌陷，造成两名作业人员一死一伤。

留矿堆中形成空洞的原因主要有：矿体上盘围岩节理发育，断层较多，回采易产生大块矿岩；矿石湿度大，粉矿和夹杂黏土多，易黏结成块；回采进度太慢，或采场搁置停采，长期没有放矿，以及落矿后，平场时二次破碎不充分，以致大块矿石潜埋于矿堆内，矿房局部发生堵塞，形成空洞。

防止留矿堆中形成空洞的措施有：

(1) 选择合理的爆破参数，减少爆破产生大块或粉矿，尽可能保持上盘围岩不遭破坏。

(2) 严格将大块矿石进行二次破碎。

(3) 局部不稳固的矿体可留不规则矿柱，防止大块片帮。粉矿较多、含有黏土夹层、矿石湿度大时，应预先确定采用较小的漏斗间距，并做到经常且均匀地放矿。

(4) 放矿时要注意以下安全要点。放矿过程中，仔细观察各漏斗矿石堆表面下降程度是否与放矿量相适应，以便及时发现并防止矿堆中形成空洞；放矿时，采场内不得有人作业，观察人员应站在天井两侧的联络道中。一旦发现矿堆中有空洞，必须及时处理。

(5) 处理空洞时禁止人员进入溜矿井或漏斗内处理堵塞，常用的处理方法如下：

1）自空洞的两侧漏斗放矿，破坏空洞周围矿石的平衡，使悬空的矿石掉落。

2）用爆破法在空洞上方进行爆破，震落悬空的矿石，该法适用于处理拱形空洞。

3）使用土火箭爆破法从下方爆破松动悬拱。

4）用高压水冲洗因粉矿多而引起的结拱形成的空洞。

3. 防止坠井（天井、溜井）事故

采矿作业过程中，人员经常进出采场，途经天井和溜井，如果天井支架不牢，梯子没有固定好，梯子井间没有防护栏杆，或是溜井口未设标志、护栏和格筛等，易造成坠井事故。

为了防止此类事故发生，应当做到：

（1）根据岩石稳定程度架设牢固的支架。岩石稳固时，可以用横撑支柱。岩石不稳固时，必须用方框支架。有片帮危险时须留矿柱。

（2）天井的梯子、扶手要牢靠，并经常检查。每隔 3 ~ 4 m 搭一层平台。梯子间与提升间之间应有隔板。天井高度不大，单纯用扒钉做把手时，须另设一根牢靠的保险绳以防不测。

（3）为防止人员坠入天井、溜井，天井、溜井上部应设有明显的标志和照明，井口边应留有 1 m 宽的人行道和围栏、链条等，作业时取下防坠装置，不作业时立即恢复，并注意检查和更换，保持其良好的状态。

（4）不使用的天井和溜井应及时从上方封闭，防止行人不慎坠井。

（5）井下作业人员要严格遵守安全管理规定，不得跨越溜井。

（6）应装设明显的标志和防坠装置、光信号、围栏、链条等。

4. 溜矿井、放矿漏斗卡矿的处理

由于溜矿井或放矿漏斗卡矿、堵塞处理不当，造成人身严重伤亡的事故在矿山时有发生。预防和处理溜井卡矿、堵塞，应采取以下措施：

（1）溜井的坡道设计和施工要合理，不要拐死弯。

（2）溜井使用前，必须将井中的杂物清理干净。使用过程中，严禁废旧木材、钢管、钢钎、钢丝绳等杂物及大块矿石进入溜井，以免堵塞溜井。

（3）禁止放空溜矿井的矿石。

（4）主溜井不允许有水流入。雨季应尽量减少溜井储矿量。溜井有储水时，应停止放矿，以防发生跑矿事故。

（5）禁止人员进入溜井和漏斗内处理堵塞，正确的处理方法是：一是卡在溜井上部 10 m 以内时，可以打入钢管，通过钢管装药爆破；二是采用火箭弹处理；三是向卡矿部位打深孔，孔底装药爆破。采用特殊方法处理时，须经过矿总工程师批准。

（6）当放矿漏斗卡矿时，可用撬棍从漏斗中向上撬，若撬不下来，可用爆破震动，这时，装药量要少，爆破前人员要撤离到安全地点，并放好警戒。

（7）对暂停放矿的溜井要定期松动放矿，一旦发生堵塞，上中段应立即停止放矿。

5. 爆破事故防范措施

地下爆破与露天爆破相比，其工作空间比较窄小，并且爆破比较频繁。如在井巷、隧道掘进中，往往是凿岩、爆破和出碴交替进行。所以，不但要考虑爆破作业本身的特点，还需要注意各工序间的配合。

（1）爆破作业必须严格遵守《爆破安全规程》的有关规定，并且必须使用符合国家标准或部颁标准的爆破器材。

（2）爆破作业人员应持有由公安机关颁发的爆破作业证。

（3）爆破作业必须按爆破设计书或爆破说明书进行。

（4）当井下爆破作业地点有冒顶危险、通道不安全、通道阻塞、爆破参数或施工质量不符合设计要求、工作面有涌水危险、炮眼温度异常及无有效保护措施等情况时，禁止进行爆破作业。

（5）当井下爆破可能引起地表陷落和山坡滚石时，必须在通往陷落区和滚石区的道路上设置警戒，树立醒目的标志，防止人员误入。

（6）工作面的空顶距离超过设计（或作业规程规定）的高度时，不准爆破。

（7）电力起爆时，爆破主线、区域线、连接线必须悬挂，不得同金属管物等导电物体接触，也不得靠近电缆、电线、信号线等。

（8）井下爆破作业开始前，必须确定危险区的警界范围，并设置明显的标志，在有关的通道上设置岗哨；起爆前，应发出声光报警信号，撤出危险区域的人员；炮响完后，经通风后不少于 15 min，方准进入爆破作业地点。每次爆破后，必须经检查确认安全后，方准其他人员进入工作面；如发现有盲炮，要立即上报，并设立警戒标志。每次爆破后，爆破员应认真填写爆破记录。

（9）地下深孔或硐室大爆破时，起爆之前所有人员必须撤出危险区。通向二次爆破地点的每一个出口都必须设置警戒标志。

第四节　地 压 管 理

矿床开采过程中，地压显现往往给采矿工作带来巨大灾难，它不仅危害生产安全，而且会使矿山局部停产，甚至毁灭整个矿山。

一、地压的定义及分类

地压是泛指在岩体中存在的力，它既包含原岩对围岩的作用力，围岩间的相互作用力，又包含围岩对支护体的作用力。地压的大小，不仅与岩体的应力状态、岩体的物理力学性质、岩体结构有关，还与工程性质、支护类型及支护时间等因素有关。地压会引起围岩及护体的变形、移动和破坏，称为地压现象。在脆性岩体中，可能发生冒顶、片帮等围岩的破坏现象；在塑性岩体中，表现为巷道顶板下沉、两帮突出、底板鼓起等现象。当围岩中的应力不超过其弹性极限时，地压可全部由围岩来承担，井巷可以不加支护而能在一定时期内维持稳定。当围岩中的应力超过了围岩强度极限时，为了维护井巷断面形状，并保持其稳定，必须采取支护，这时的地压是由围岩和支护体共同承受。可见，作用在支护体上的压力仅是地压的一部分。

地压的显现使岩体产生变形和各种不同形式的破坏。为了便于分析各种不同性质的地压，按其表现形式，将地压分为变形地压、散体地压（亦称松动地压）、冲击地压、膨胀地压四类。变形地压是指在大范围内岩体因变形、位移受到支护体的抑制而产生的地压；散体地压（亦称松动地压）是在一定范围内，滑移或塌落的岩体以重力的形式直接作用于支护体上的压力；冲击地压又称岩爆，它是在围岩积累了大量的弹性变形能之后，突然释放出来时所产生的压力；膨胀地压是由于巷道围岩膨胀而产生的压力。

二、井巷地压控制

井巷破坏的原因主要是围岩应力超过了岩体的强度，因此，井巷维护的基本原则是提高围岩强度，降低围岩应力，改善围岩的应力状态，以便充分利用围岩的自身抗力去支撑井巷地压。井巷的维护应遵循的主要原则如下：

(1) 合理选择井巷的位置。在生产条件允许的情况下，尽可能选在工程地质和水文地质条件较好，没有软弱夹层的岩体中；尽量避免回采的影响；主要巷道应布置在崩落带以外，并保持一定距离。

(2) 采用合理的施工。在井巷施工中，应快速掘进，尽量采用光面爆破、预裂爆破等爆破技术，以减少爆破对围岩的震动和破坏，保持围岩体的完整性。应积极采用锚喷支护，以提高围岩岩体强度，充分发挥其自承能力。

(3) 选择合理的支护类型。对于以变形地压为主的巷道，应选择可缩性大的柔性支架，如锚喷支护、可缩性钢支架及在刚性支架的棚梁和棚腿的接触面、砌混凝土巷道的肩部夹入可缩性材料（如橡胶）等。对于以松动地压为主的巷道，则可选用有足够强度的刚性支架来支撑松动的岩石，如石料砌混凝土、钢支架、钢筋混凝土支架等。

(4) 选择合理的断面形状和尺寸。圆形与椭圆形井巷断面的应力集中程度最低，当巷道断面越高，巷道两侧的压力越大，巷道两侧应采用圆弧形断面；巷道断面越宽，巷道顶部的压力越大，巷道顶部应采用圆弧形断面，以减少应力集中。巷道断面的最大尺寸应沿着最大来压方向布置；最大来压方向的巷道周边应尽量选用曲线形状。

(5) 确定合理的支护时间。

三、采场地压控制

采场地压是指在地下开采过程中，原岩对采场或采空区围岩及矿柱所施加的载荷。采场地压具有暴露空间大，复杂性、多变性、显现形式的多样性，控制采场地压的难度大等特点。当矿体的围岩完整、稳定时，可采用空场法开采地下资源。空场法（包括留矿法）的采场地压显现，从时间和空间上看，大体可分为开采初期采场回采期间的局部地压显现和开采中、后期大规模剧烈的地压显现两个时期。局部地压显现表现为采场矿体、围岩或矿柱的变形、断裂、片帮、冒顶等现象；大规模的地压显现表现为采空区上方大面积覆盖岩层急剧冒落，与冒落区相邻的采场压力剧增，出现矿柱压裂、顶板破裂、采准巷道开裂及冒顶现象。

采场地压控制的主要方法如下：

（1）合理确定采场断面形状及矿房、矿柱参数。合理选择矿房、矿柱参数及矿房断面形状与布置方向，以使矿房周围应力分布尽可能地合理，既便于充分发挥围岩自承能力维护自身的稳定，又能做到充分采出矿石。

（2）支撑与岩体加固。回采不稳定矿体时，常利用人工支护回采工作空间，防止冒落。传统的支护方法是用立柱、支架、木垛等进行支撑。近代又发展了岩体加固法，用锚杆、长锚索、注浆等加固不稳定矿体，增强其强度，维持其稳定。

（3）利用免压拱解除采场地压。在高压力区进行回采时，可利用形成免压拱的方法使待采矿块处于卸压区内，借以解除原有的高应力状态，使应力释放，并使来自原岩体的载荷转移到该区域之外，从而改善待采矿块的回采条件。

（4）合理的回采顺序。在地质构造复杂地段应先回采高应力块段；自断层下盘后退式回采；回采空间的长轴方向尽可能与矿体最大主应力方向平行。

（5）充填。在回采期间利用充填处理空区来改善采场围岩及矿柱的受力状态，增强采场围岩的稳定性和矿柱的强度，以及利用充填处理采空区，借以阻挡围岩冒落，缓和地压显现，减少地表下沉。

（6）崩落。利用崩落围岩的方法消除采空区，控制地压显现以及使承压带卸载，改善相邻采场的回采条件。

四、冲击地压控制

当在矿床深部（一般指 1 500 m 以上）或在构造应力很高的地区进行开采时，有时会在采掘空间周围的岩体中发生突然的爆发式破坏现象，其剧烈程度好像岩体被炸药爆炸一样。如在掘进巷道或采场围岩发生强烈的劈裂声；矿岩的弹射和振动，并引发大量矿岩碎块抛出；底板鼓起，并伴有巨大响声；气浪冲击造成井下严重破坏及地面剧烈振动（地震）。这种地压现象称为冲击地压（也称岩爆）。冲击地压有强有弱，其破坏性有大有小。按振动能大小的不同，冲击地压的强度可分为微冲击、弱冲击、中等冲击、强烈冲击、灾害性冲击五个等级。

冲击地压的主要控制方法如下：

（1）合理布置采掘工程与选择合理的回采顺序。为避免造成过高的应力集中，应尽可能避免巷道之间及巷道与构造断裂之间呈锐角交叉，使相邻采掘工程的间距达到可避免应力增高带相互重叠的程度。回采工作面应是直线布置，少出现急转角变化；采掘空间的长轴，应尽可能与岩体中最大主应力方向呈平行布置；回采时应从构造应力高的地段或构造断裂面、矿脉交叉处后退回采，以避免过高的应力集中；回采跨度的扩大，即泄压拱跨度的扩大应逐渐扩展，避免突然成倍增长（如两个采场突然合并），以防造成脉冲载荷诱发冲击地压。

(2) 使有冲击地压危险的矿层泄压。在矿层上部或下部先行采动，可对有冲击地压危险的矿层起泄压保护作用。

(3) 使矿岩中积累的弹性变形能有控制地释放。采取松动爆破、振动性爆破，采用较小矿柱，使其小到逐渐压碎但又不至于引起强烈冲击。

(4) 向岩层中注水使其软化。注水可使岩体强度、弹性模量降低，而增加塑性变形成分，从而可以预防冲击地压。

(5) 选择合理的采矿方法。从减小冲击地压危险来看，宜选用崩落法，崩落围岩可起卸载作用。

(6) 减小冲击地压危害的其他措施。先用宽工作面掘进巷道，后用废石回填，在巷道周围形成一条防冲击的隔离带，使其在一旦发生冲击地压时起保护人员和设备的作用。在回采工作面架设防冲击挡板、隔栅等；采用带快速排液阀的可缩性液压支柱支撑回采工作面。

第五节　矿井提升运输安全

矿井提升运输的任务是将采场采出的矿石运到地表选矿厂或贮矿场，将废石运到排土场，将生产所需的人员、设备、材料等运送到工作面。矿井提升和运输是矿山生产的重要环节，特别是竖井提升系统是矿井的咽喉，保障提升运输系统的安全，对矿山安全生产意义重大。

地下开采的主要提升运输方式有竖井提升、斜井提升、平巷运输。

一、竖井提升安全

1. 竖井提升系统

矿石与废石的提升，材料、设备的运送，以及人员升降都要通过井筒，都需要提升设备。提升设备是否安全正常工作，直接影响矿山作业人员的安全和生产的顺利进行。

矿井提升设备主要有提升容器、提升钢丝绳、提升机（包括深度指示器、制动装置等）、天轮和井架以及装卸载等附属装置。

按照提升机的不同，竖井提升分为缠绕式提升和多绳摩擦式提升，缠绕式提升又分为单绳缠绕式提升和双筒双绳缠绕式提升。

按照提升容器的不同，竖井提升又可分为罐笼提升、箕斗提升和吊桶提升。罐笼既可提升矿石、废石，也可提升人员、材料和设备，如图5—5所示。箕斗提升系统如图5—6所示，箕斗是专用于提升矿石的容器。在竖井开凿和延伸期间，一般采用吊桶提升。

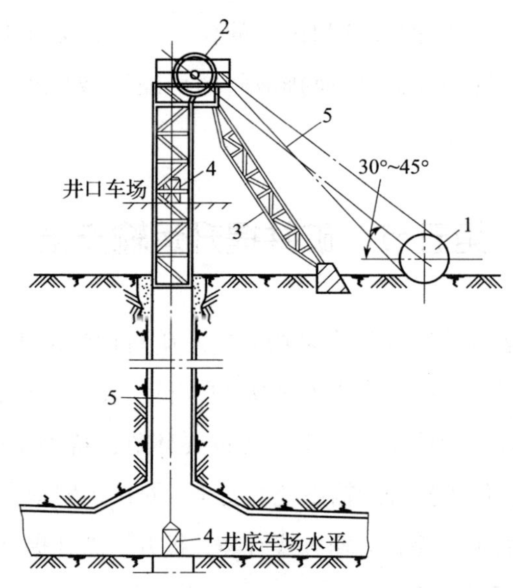

图5—5　竖井罐笼提升系统

1—提升机　2—天轮　3—井架　4—普通罐笼　5—钢丝绳

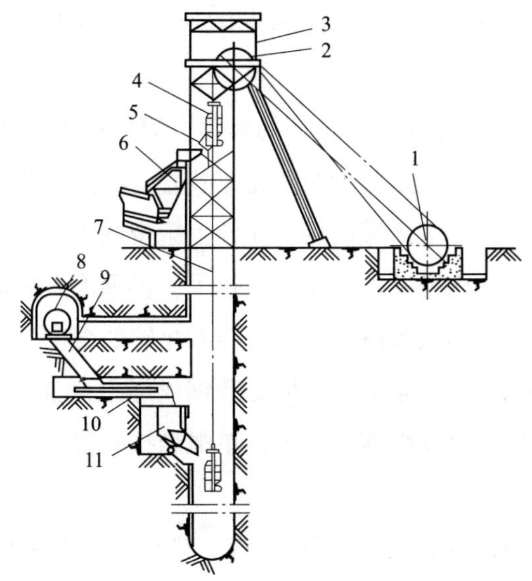

图 5—6　竖井箕斗提升系统

1—提升机　2—天轮　3—井架　4—箕斗　5—卸载曲线

6—矿仓　7—钢丝绳　8—翻笼　9—矿仓　10—给矿机　11—放矿机

图 5—5 是双罐笼提升系统。图 5—5 中一个罐笼位于井底车场进行装载，另一个罐笼位于地面井口进行卸载。两条钢丝绳绕过天轮和井架分别悬挂着两个罐笼，另一端则以相反的方向缠绕并固定在提升机的两个滚筒上。罐笼装载和卸载完毕，提升机开始启动，通过缠绕在滚筒上的钢丝绳提升井下装重车的罐笼，同时将地面装空车的罐笼下放到井底，这样就完成了一个工作循环。

2. 提升容器及其附属装置

竖井提升容器一般采用箕斗和罐笼，斜井则采用箕斗和矿车、人车作为提升容器。

（1）罐笼。罐笼用于提升矿石、废石，升降人员、材料与设备，有单层与双层之分。罐笼的组成部分有罐体、悬挂装置、导向装置和防坠器等。

1）罐体：盛装矿车、人员等的容器。罐体内的底板上安装有轨道，以供矿车运行，轨道两侧有防跑车装置。罐体前后人员进入口应安装罐帘或门，人员进入罐内后，应挂上罐帘或关上罐门，防止人员从罐中坠落。罐体内壁两侧还应安装扶手，供乘罐人员抓握。罐顶应盖钢板，以防坠物伤人和淋水。罐底应有足够的强度。

2）悬挂装置：指提升容器与提升钢丝绳之间连接部件的总称，其作用是将罐体和钢丝绳连接起来，单绳悬挂装置有桃形环和楔形装置两种。

3）导向装置：由罐道和罐耳组成。罐耳安装在罐体上，罐道沿井筒固定在罐道梁上或悬挂在井架上，罐笼借罐耳沿着井筒中的罐道运行，保证罐笼平稳运行，另当发生坠罐事故时，防坠装置动作，将罐笼固定在罐道上。罐道可分为刚性罐道和挠性罐道。刚性罐道有木罐道、组合钢罐道和钢轨罐道，挠性罐道为钢丝绳罐道。

4）防坠器：为了保证生产及人员的安全，凡是升降人员或升降人员和物料的罐笼，必须装设可靠的防坠器，一旦提升钢丝绳或连接装置断裂时，防坠器动作，可使罐笼安全而平稳地支承在井筒中的罐道上，而不至坠入井底造成严重事故。防坠器主要有木罐道防坠器、钢轨罐道防坠器、钢绳罐道防坠器三种。防坠器要求灵敏可靠，并要每年进行安全性能检查和防坠性能试验。防坠器的试验包括脱钩空载试验和脱钩重载试验，两种试验均合格方为合格。

防坠器需要每天检查一次，发现问题要及时处理，检查和处理结果记入检查记录簿内。

防坠器须每月进行一次检测，当发现问题时要及时处理，检查结果及处理结果要详细记录，检查和保养应注意以下问题：检查各活动件的磨损锈蚀情况，如果磨损和锈蚀严重，必须加以更换，同时还要将弹簧上的污垢和铁锈清除。检查各罐耳导向套，如果磨损太快应及时找出原因进行处理，应使上下罐耳与楔盒的中心线保持在同一铅垂线上。及时清除防坠器内及各运动部件上的污泥、异物。检查制动绳的锈蚀情况，除去钢丝绳上的硬油层，涂抹新油，检查其拉紧程度。

（2）箕斗。箕斗按井筒的倾角分为竖井箕斗和斜井箕斗，按卸载方式的不同分为翻转式箕斗和底卸式箕斗。竖井用底卸式箕斗，井架上的卸载曲轨使箕斗上的扇形闸门打开，箕斗中装的矿石凭重力卸入矿仓中。当箕斗下放时，闸门自动合上。

（3）吊桶。吊桶是竖井开凿和延伸时的提升容器，可分为自动翻转式、底开式和非翻转式三种。生产矿山不得采用吊桶升降人员，而应采用罐笼升降人员。当竖井掘进期间使用吊桶提升时，必须使用非翻转式吊桶。

用吊桶提升，应遵守下列规定：

1）关闭井盖门之前，禁止装卸吊桶或往钩头上系扎工具或材料。

2）吊桶上方应设坚固的保护伞。

3）井盖门应有自动启闭装置，以便吊桶通过时能及时打开和关闭。

4）井架上应有防止吊桶过卷的装置，悬挂吊桶的钢丝绳应设稳绳装置。

5）吊桶内的岩渣应低于桶口边缘 0.1 m，装入桶内的长物件应牢固绑在吊桶梁上。

6）吊桶运行通道的井筒周围，不得有未固定的悬吊物件。

7）吊桶须沿导向钢丝绳升降。竖井开凿初期无导向绳时，或吊盘下面无导向绳部分的升降距离不得超过 40 m。

8）乘吊桶人数不得超过规定人数，乘桶人员应面向桶外，严禁坐在或站在吊桶边缘。装有物料的吊桶，禁止乘人。

9）禁止用自动翻转式或底开式吊桶升降人员（抢救伤员时例外）。

10）吊桶提升人员到井口时，应待出车平台的井盖门关闭、吊桶停稳后，方准人员进出吊桶。

11）井口、吊盘和井底工作面之间应设置良好的联系信号。

3. 提升机及其安全要求

提升机又称绞车或卷扬机，其用途是利用钢丝绳的缠绕，以完成提升或下放货载的任务，是矿井提升的主要设备。非煤矿山使用的提升机主要有三种类型：单筒单绳缠绕式、双筒双绳缠绕式和多绳摩擦式。

（1）卷筒及其安全要求。卷筒是缠绕钢丝绳的装置。钢丝绳缠绕在卷筒上以后，会对卷筒产生缠绕应力，缠绕应力过大会造成钢丝绳损坏过快，筒体变形损坏。为了使筒壳应力分布均匀，要在筒壳外面装设衬木，并在上面刻绳槽，以使钢丝绳排列整齐。为了限制缠绕应力和避免跳绳、咬绳，当钢丝绳缠绕层数在两层以上时，卷筒边缘高出最外一层钢丝绳的高度不小于直径的 2.5 倍；钢丝绳由下层转到上层的临界段（相当于四分之一绳圈长）必须经常加以检查，每季度应将钢丝绳临界段窜动四分之一绳圈的位置。

钢丝绳的绳头固定在卷筒上必须牢固，要有特定的卡绳装置固定，不得系在转筒轴上；穿绳孔不得有锐利的边缘和毛刺，曲折处的弯曲不得形成锐角，卷筒上必须经常缠留三圈绳作为摩擦圈，以减轻钢丝绳与卷筒连接处的张力。

（2）提升机的安全保护装置。提升机的安全保护装置主要有制动装置、防过卷保护装置、深度指示器、限速保护装置以及紧急脚踏开关等。

1）制动装置。制动装置是控制提升机运行、制动的控制装置，包括工作制动和紧急制动两种。工作制动是提升机在正常运行时的制动，紧急制动是在发生意外事故时进行的制动。矿山提升机必须装设工作制动和紧急制动两套制动装置。制动装置的动作必须灵活可靠；各种传动杆不变形、没有裂纹，紧固件不松动；各销轴不松旷，不缺油，开口销齐全；闸瓦与闸轮或制动盘接触良好；闸瓦与闸轮或制动盘的间隙应符合规定。为了保证制动装置能安全可靠地工作，必须经常进行检查和维护。

2）防过卷保护装置。防过卷保护装置就是为了避免过卷事故，当提升容器超过正常卸载位置（或出车平台）0.5 m时，能自动断电，并能使保险闸发生动作的装置。

提升井架（塔）内应设置过卷挡梁和楔形罐道。其作用是当罐笼过卷后，卡在楔形罐道中使罐笼不能继续上升，楔形罐道顶部需设封头挡梁。井底应设缓冲式防过卷装置，有条件时可设楔形罐道。

井口井架上应设置过卷保护开关，罐笼一旦触及过卷保护开关，提升机自动停止继续运行，以防止发生过卷事故。

3）深度指示器。深度指示器用于指示提升容器在井筒中的位置。当提升容器接近井口时，能发出减速警告信号，提醒司机注意，同时在深度指示器上安装有防过卷保护装置、自动减速开关及限速凸轮板等装置。深度指示器有圆盘式和牌坊式两种。

4）限速保护装置。限速保护装置是当提升速度超过正常最大速度的15%时，能使提升机自动停止运转，并实现安全制动的装置。

5）紧急脚踏开关。在司机操作台前装设一个紧急脚踏开关，以保证在提升机的工作闸或主控制器失灵时，司机在紧急情况下实现紧急制动，并切断电源。

提升机除了上述安全保护装置之外，还有过电压、欠电压、松绳、闸瓦磨损等保护装置及电气闭锁装置。

4．提升钢丝绳

钢丝绳是连接提升容器和提升机，传递动力的重要部件。在提升系统中，钢丝绳最容易损坏，是提升系统最薄弱的环节，因此应予以特别重视。

钢丝绳是由一定数量的钢丝捻制而成，再由若干绳股（一般为六根）沿一含油的纤维绳芯捻成绳。钢丝绳的钢丝的表面可以镀锌以增强钢丝绳的抗腐蚀能力。钢丝绳芯用防腐防锈油浸透，对钢丝绳起到润滑作用，以减少钢丝之间的磨损，并防止钢丝生锈。按照绳股的捻向，钢丝绳分为右捻钢丝绳和左捻钢丝绳。按照绳股的形状，又分为圆形股和异形股钢丝绳。还有不旋转钢丝绳、密封钢丝绳、不松散钢丝绳和扁钢丝绳。

钢丝绳的安全要求：

（1）新钢丝绳到货后应检查是否有合格证、验收证书等资料，有无锈蚀和损伤，残次品和不合要求的不得使用。升降人员的钢丝绳要按规定进行试验。

（2）新钢丝绳悬挂前，应对每根钢丝做拉断、弯曲和扭转3种试验，并以公称直径为准对试验结果进行计算和判定。不合格钢丝的断面积与钢丝总断面积之比达到6%，不应用于升降人员；达到10%，不应用于升降物料；以合格钢丝拉断力总和为准算出安全系数。

（3）钢丝绳在卷筒上排列要整齐，运行要保持平整、不跳动、不咬绳。

（4）钢丝绳要保持润滑良好。涂油前，应先清除钢丝绳上的尘土污油，然后用人工法或涂油器法进行涂油。

（5）钢丝绳应定期斩头和调头。斩头是斩掉绳头损坏部分。调头是将钢丝绳与卷筒连接的一端与连接装置连接的一端互相更换，以增加钢丝绳的寿命。

（6）井筒内应尽量减少淋水，以避免钢丝绳锈蚀。

（7）提升机启动、停车、加减速要平稳运行，以减少对钢丝绳的损坏。

（8）使用中的钢丝绳应每日检查一次。检查断丝时，采用慢速进行外观检查，可用手将棉纱围在钢丝绳上，如有断丝，断丝头将会挂住棉纱。要注意检查绳头和易磨损段，不得有漏检。钢丝绳在遭受卡罐或突然停车等猛烈拉伸时，应立即停车检查。

（9）对提升钢丝绳，除每日进行检查外，应每周进行一次详细检查，每月进行一次全面检查；人工检查时的速度应不高于0.3 m/s，采用仪器检查时的速度应符合仪器的要求。对平衡绳（尾绳）和罐道绳，每月进行一次详细检查。检查工作要由专人负责，所有检查结果，均应记录存档。

（10）在下列情况下，钢丝绳必须更换：

1）钢丝绳在一个捻距内的断丝数与钢丝总数之比达到下列数值时，应更换：

——提升钢丝绳，5%；

——平衡钢丝绳，10%；

——罐道钢丝绳，15%；

——倾角30°以下的斜井提升钢丝绳，10%。

2）提升钢丝绳的直径缩小10%，或捻距延长0.5%，或外层钢丝直径减小30%，均应更换。

3）钢丝绳有变黑、锈皮、点蚀麻坑等损伤时，不得用作升降人员；严重锈蚀，点蚀麻坑形成沟纹、外层钢丝松动时，不论断丝数或绳径变细多少，都必须更换。

4）遭受卡罐或突然停罐猛烈拉伸时，致使钢丝绳受到损伤，或钢丝绳延长0.5%或直径缩小10%时，必须更换。

5）钢丝绳产生严重扭曲或变形，必须更换。

5. 井口安全设施

为了保证提升作业的安全，防止发生人身和设备事故，在罐笼提升系统的井口必须装设必要的安全设施。主要有井口安全门、阻车器、罐笼承接装置等。

（1）安全门。在地面及各中段井口必须安设安全门，防止人员进入危险区或运输设备冲入井筒，造成坠井事故。安全门按操作方式可分为手动、罐笼带动、气动、电动等形式。安全门要在人员上下罐或进行其他提升作业时方可打开，其他时间处于关闭状态。

（2）阻车器。阻车器安装在罐笼提升的井口车场的进车侧，目的是防止矿车坠入井筒。阻车器的操作方式有手动式、半自动式和自动式。

(3) 罐笼承接装置。罐笼承接装置是为了便于矿车出入罐笼而在井口安设的装置，主要有承接梁、托台、摇台三种。承接梁用于井底，用于承接罐笼。托台一般用于地面井口。摇台是由能绕轴转动的两个钢臂组成的机构。平时摇台臂抬起，当罐笼达到停车位置时，两根活动摇臂的轨尖搭在罐笼的地板上，将罐笼内轨道与车场轨道连接起来，以便矿车出入罐笼。使用摇台能缩短停罐作业时间，简化提升过程，安全性能好，因此摇台应用广泛，在井底、井口和中段车场都可使用。

6. 提升信号

提升信号一般包括工作信号（开、停车信号)、事故信号、检修及慢车信号、一般指示信号（包括满仓信号、松绳信号等)、扩音电话及与提升机控制系统的联锁等。工作信号必须声、光兼备；警告信号应为声响信号，一般信号为灯光信号。

7. 提升机的操作与运行

(1) 布告牌。所有升降人员的井口及提升机室，均须悬挂下列布告牌：

1) 每班上下井时间表。

2) 信号标志。

3) 每层罐笼每次允许乘罐的人数。

(2) 提升机的安全操作。矿井提升机能否安全运行，除了有良好的性能外，其安全操作非常重要。提升机司机操作应注意的事项：

1) 提升机司机是特种作业人员，要由身体健康、责任心强、经培训考核取得安全操作证的人员担任。每一班必须正、副司机两人作业，其中一人操作，一人监护。

2）每班在提升前，应对提升设备进行认真检查，先用空罐试运行，了解紧急闸与工作闸是否灵敏可靠，各个部件是否正常，确认无误后，方可开车。

3）操作过程中，必须精力集中，谨慎细心，随时注意仪表读数、深度指示器的指示位置、钢丝绳的排列、机器运转的声音等情况，发现异常，立即停车查找原因，并及时汇报和处理。

4）提升信号不清楚、不确切不准开车，必须询问查清原因再执行操作。

5）当发生下列紧急情况：有紧急停车信号；提升容器接近井口尚未减速；有卡罐等意外故障；工作闸或控制器等主要部件失灵时，应使用紧急制动。

（3）人员提升安全要求。罐笼井是人员进出的必由之路，为了避免提升人员时发生事故，必须经常对入井人员进行安全教育，建立健全严格的信号管理和乘罐等规章制度，加强对井口（中段、井底）的安全管理。

信号工不仅是提升信号的操作者，也是井口安全的管理者。信号工发出信号之前，必须看清楚罐笼内和井筒附近人员的情况，关好罐笼门和井口安全门，防止有人进入危险位置。

安全门与信号应闭锁，拥罐工或专职安全员关上罐门和井口安全栅门后，才能发出升降信号。

乘罐人员要严格遵守乘罐制度：

1）听从信号工或专职安全员的指挥。升降信号发出后，任何人不得进出罐笼。

2）进出罐笼应依次序而行，禁止奔跑、拥挤、打闹、抢上抢下。

3）罐笼乘罐人数应符合规定，不许超载，不许强行搭乘。

4）禁止在井口进出车平台和马头门处乱窜、打闹嬉戏，未经允许，不得在这些地点进行任何作业。

5）罐笼运行时，乘罐人员应抓住把手站稳，不得将头、手、脚伸出罐外。应保持罐内安静。罐未停稳，严禁上下。

6）罐笼升降人员，不准同时运送爆炸物品或材料设备。乘罐人员携带的锋刃工具、器具等应放在专用的工具袋内，以防碰撞伤人。携带的工具、材料不得伸出罐外。禁止携带超长、超重的器具、物品。

（4）罐笼提升物料安全要求

1）罐笼提升物料必须在信号工的指挥下上、下罐笼。

2）推车工要认真负责，听从信号工的指挥。

3）矿车进到罐笼内以后要用阻车器将矿车固定稳固。

4）提升长大物件必须固定牢靠。

5）提升重物必须采取可靠的措施，不得提升超重的物件。

6）不得在井口人员集中的时间提升爆炸物品。提升爆炸物品应事先通知司机和信号工，除爆破工和信号工外，提升爆炸物品的罐笼内不得混装其他物件和人员；爆破器材不应在井口房和井底车场停留。

7）提升矿石的时候不得提升人员。

二、斜井提升安全

斜井提升如图5—7所示，是指用安装在地表的提升机，通过钢丝绳拖动斜井中的提升容器来升降矿石、废石、材料、设备和人员的提升方式。斜井提升机及其控制装置、钢丝绳与竖井相同，提升容器有矿车和斜井箕斗，还有专用于提升人员的斜井人车。斜井中敷设有轨道，轨道上装有防跑车装置，矿车和箕斗在轨道上运行。斜井串车提升工作方式是：井底的重车由把钩工挂至牵引钢丝绳上，通过井上下的信号联系，开动绞车将重车升到地面，由把钩工摘钩，编组组成列车组，由机车牵引到选厂或矿仓，或由人工推车。空车挂到牵引绳上下放到井底或中间甩车道。

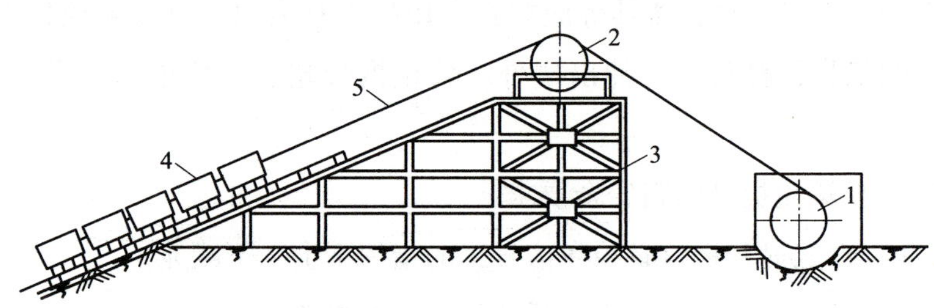

图 5—7　斜井串车提升系统

1—提升机　2—天轮　3—井架　4—矿车　5—钢丝绳

1．斜井提升常见事故

斜井提升易发生跑车事故。斜井串车提升摘挂钩频繁，而且钢丝绳容易磨损和断裂，如果操作不当、管理不善，容易发生斜井跑车事故，不仅造成设备损毁，而且导致人员伤亡，生产停顿。造成跑车的原因主要有：把钩工疏忽，将未挂钩的空车下推造成跑车；把钩工操作不当，矿车未全部提上来就提前摘钩，造成未上来的车辆跑车；钢丝绳断绳或连接装置断绳而造成跑车；提升机制动失灵造成跑车；车辆运行中挂钩插销跳出造成跑车；斜井上部车场的轨道向外倾斜造成矿车自溜运行跑车。

2. 防止斜井跑车的措施

（1）斜井上部和中间车场应装设阻车器或挡车栏，当车辆通过时打开，通过后关闭。斜井每隔50米设置一个躲避硐室。

（2）钢丝绳与矿车的连接、矿车之间的连接都要使用不能自行脱落的连接装置。

（3）装设常闭式防跑车装置。

（4）应装设钢丝绳运行的地辊，以减少磨损。

（5）加强钢丝绳的检查，防止钢丝绳断裂跑车。在平车场下放时，不要松绳过多，以免车辆在突然下坡时造成对钢丝绳的冲击破坏。

（6）斜井上部车场的轨道应向里倾斜，防止矿车自溜运行跑车。

（7）轨道敷设要符合质量标准，并及时清理轨道，以防矿车掉道或运行时跳动。

（8）执行斜井行车不行人，行人不行车的制度，禁止人员在运输轨道上行走，严禁蹬钩。

（9）每次开车前，必须认真检查牵引矿车数，钩头及各车的连接情况，确认无误才能发出开车信号。

（10）加强矿车的检查，发现底盘有开焊和裂纹时，应停止使用。三链环和插销等连接装置磨损严重时，应及时更换。

（11）经常检查提升机制动系统，确保处于良好状态，制动绳完好。

3. 斜井运送人员安全事项

（1）斜井距离较长，垂高较大时，应采用专用人车运送人员。

人车应有顶棚，车上应装有断绳保险器，当发生断绳、脱钩事故时，能自动（也能手动）地平稳停车。

（2）采用人车运送人员时，必须装设声光信号装置，保证在行车途中发生紧急情况时，跟车工随时能向提升机司机发出紧急停车信号；多水平提升时，各水平发送的信号应有所区别，以便司机辨认；所有收发信号的地点，都应挂明显的信号牌。

（3）斜井运输工作必须由专人进行管理。斜井人车在运行前应对连接装置、保险链、保险器、钢丝绳、轨道、车辆进行检查，在每班运送人员前，应进行一次空载运行，确保安全后，才能运送人员。

（4）运送人员的列车必须有跟车工，跟车工应坐在行驶方向的第一辆装有保险器操纵杆的车内。

（5）斜井用矿车组提升时，严禁人货混合串车提升。

（6）乘车人员要遵守人车管理制度，服从跟车工的指挥，不得拥挤，不准超员乘坐；井口和车场要设候车室，依次序下车、上车；上车后必须关好车门，挂好车链，才能发出开车信号。乘车人员不得将身体探出车外，以防意外事故发生。

（7）人员在上下斜井时，人车上下车地段应有足够宽的人行道，一般不小于1.5 m，有良好的照明和台阶踏步。

三、矿井运输安全

运输是采矿生产中非常关键和不可缺少的环节，搞好矿井运输安全工作非常重要。

1. 矿井的主要运输方式

矿井运输方式主要有人力运输和机械运输。机械运输又可分为轨道运输和无轨运输。无轨运输包括轮胎式运输（如地下矿用汽车、铲运机、拖拉机、三轮车等)、带式输送机运输。

(1) 轨道运输。轨道运输主要设备有轨道、矿车、牵引设备和辅助设备等。

井下巷道中铺设的轨道通常是窄轨。我国矿山常用的轨道为 600 mm 轨距和 11 ~ 18 kg/m 的钢轨，以及 720 mm 和 900 mm 轨距 24 ~ 38 kg/m 钢轨。

地下矿用的矿车有以下几种：固定车箱式，只能在固定地点借助翻车机卸载，矿车容积为 0.5 ~ 4 m^3；翻斗车，容积为 0.5 ~ 1.2 m^3，卸载方便，在中小矿山使用广泛；侧卸式、前倾式、底卸式和梭式等几种。

矿用电机车是轨道运输的牵引设备，常见的有架线式和蓄电池式两种，非煤矿山主要用架线式电机车。一般都用直流电源，需在井下设变流站，将交流电变为直流电。目前架线式电机车有 3 t、7 t、10 t、14 t 和 20 t 等几种。

轨道运输的辅助设备有翻车机、推车器、阻车器等。

(2) 无轨运输。无轨运输设备主要有地下矿用汽车、铲运机、拖拉机、三轮车等。地下矿用汽车是一种柴油无轨运输设备，自卸式汽车有翻转式和推卸式两种。

井下铲运机是一种集铲、装、运于一身的设备，机动灵活，效率高，有柴油驱动和电动两种方式，大中型矿山广泛应用。

井下使用的无轨运输设备采用柴油发动机驱动的，柴油机工作时会排出大量有毒有害气体，严重污染井下空气，即使安装了废气净化装置，仍不能彻底解决问题。因此，必须加强通风，尽量减轻井下空气污染。

(3) 胶带输送机运输。矿用胶带输送机按结构可分为普通胶带输送机、钢绳芯胶带输送机和钢绳牵引胶带输送机。

胶带输送机由机头、机尾和机身三部分组成。机头包括电动机、减速箱和主动滚筒;机尾即拉紧装置;机身包括胶带、托辊和托架。

2. 矿井运输常见事故

电机车运输易发生撞人、掉道、追尾、触电、司机将头手等伸出车外受伤害等事故。无轨运输车辆易发生撞人、撞车、在斜坡上跑车、火灾等事故。

3. 矿井运输安全

(1) 井下运输巷道行人的安全事项

1) 运输巷道应设人行道,人行道应布置在巷道的一侧。电机车运输巷道人行道的宽度不得低于0.8 m。巷道中的轨道铺设应平直、稳固,轨距、轨面高低、轨道接头以及弯道的曲率半径均应符合规定的质量标准。

2) 巷道内不应堆积杂物,水沟要畅通,没有积水,应有良好的照明。人员在巷道中行进时,必须沿人行道行走,禁止在两轨道之间停留。禁止横跨列车。

3) 人员行走时,要小心谨慎,随时注意前后方向来车,发现有车辆通过,要及时避让,暂停行进。要防止碰头、跌跤,特别是经过溜井小眼,要防止失足坠落。

4) 在有架空线或电缆的巷道内,行人携带的较长的金属工具不应扛在肩上,以免触及电机车架线和电缆。

(2) 电机车安全运行

1) 电机车司机的安全操作是电机车安全运行的关键,电机车司机必须经培训，熟练掌握操作技能方可上岗操作。

2）电机车开动前，必须发出开车信号。

3）开车时，必须精力集中，谨慎操作。

4）行车时必须随时注视前方有无障碍物、行人或其他危险情况，不得将头伸出车厢外瞭望。

5）列车接近风门、巷道口、弯道、道岔、坡度大和噪声大的区域，以及前方有车辆、障碍物时，必须减速，发出警告信号或及时停止行进。

6）电机车司机不得擅离岗位。司机在需要离开座位时，必须切断电源，将控制把手取下，扳紧车闸，但不要关闭车灯。

7）要加强行车管理，安排好列车行驶路线，防止机车碰头和追尾事故，两车在同轨道同方向运行时，必须保持不少于40 m的距离。

8）除了跟车工之外，运输物料的机车不准带人。

9）行人严禁扒矿车。

10）要保证轨道敷设质量，轨道上掉落的矿渣、泥应及时清理，处理矿车掉道要采取可靠的安全措施。

（3）专用人车运送人员的安全规定

1）每班发车前，应有专人检查车辆结构、连接装置、轮轴和车闸，确认合格方可运送人员。

2）人员上下车的地点，应有良好的照明和电铃。如有两个以上的开往地点，应设列车去向灯光指示牌。

3）架线式电机车的滑触线须设分段开关，人员上下车时，必须切断电源。

4）双轨巷道的调车场应设区间闭锁装置，人员上下车时，禁止其他车辆进入乘车线。

5）列车行驶速度不得超过 3 m/s。

6）禁止同时运送爆炸性、易燃性和腐蚀性物品或附挂料车。

（4）乘车人员应遵守的规定

1）服从司机指挥。

2）携带的工具和零件，不得露出车外。

3）列车行驶时和停稳前，禁止将头部和身体探出车外，或上下车。

4）禁止超员乘车，列车行驶时必须挂好安全门链。

5）禁止扒车、跳车和坐在车辆连接处或机车头部平台上。

6）除人车、抢救伤员和处理事故的车辆外，禁止搭乘其他车辆。

（5）人力推车安全

1）每人只允许推一辆矿车，车速不得太快。同方向推车时，轨道坡度在5‰以下时，两车的间距不应小于 10 m；坡度大于 5‰时，不应小于 30 m；坡度大于 10‰时，不得小于 30 m；

2）在单轨巷道要确认对面没有来车时才能向前推车。在下坡道推无制动装置的车辆时，推车人员不准站在矿车的碰头上，更不准放飞车。在能自动滑行的线路上运行时，应有可靠的制动装置，但车速不得超过 3 m/s。停车时，要用木楔或木板塞牢，以防自动下滑。

3）矿车驶近道岔、巷道口、风门，通过弯道、坡度较大的区域以及两车相遇、前面有人或障碍物、掉道、停车等情况时，应及时发出警告信号。

4）在无良好照明的巷道或区段，不得人力推车。在正常照明的巷道，推车人应备有矿灯，并将矿灯挂在矿车的前端，而且行车速度不宜太快。

（6）无轨运输安全

1）井下无轨运输巷道的高度与机动车辆的高度差应大于 0.6 m，人行道的宽度不得低于 1.2 m，坡度不得超过机动车辆允许的坡度，一般不超过 10%，每隔一定距离应设一个错车硐室。

2）运输巷道应照明良好，巷道底板要平整。

3）机动车辆要制动良好，并设顶棚或防撞栏杆。

4）机动车辆要采取烟气净化措施。

5）机动车驾驶员应进行安全教育培训，取得安全资格证。

6）机动车辆不得超速行驶。

第六节　矿井通风与防尘

矿床地下开采是在地下有限空间中进行的，采矿作业产生大量的矿尘和有害气体（如炮烟、柴油设备排出的废气），人员呼吸以及矿石氧化也会产生大量的有害气体，而且由于地热作用、人体和机电设备散热以及水分蒸发的影响，井下空气温度和湿度都会显著变化，造成井下空气质量和气候条件比较恶劣。为了保证井下采矿生产的正常进行，保证作业人员的身心健康，必须进行矿井通风和防尘。矿井通风的任务就是供给各工作地点足够的新鲜空气；排除、稀释有毒有害气体和矿尘；改善和调节井下气候条件，以保护职工的身体健康和人身安全，提高劳动生产率，在一定条件下控制灾害事故扩大。

一、矿内空气质量和气候条件

1. 矿内空气

地面空气主要是由氧（20.96%）、氮（79%）和二氧化碳（0.04%）三种气体组成。此外，还有少量的惰性气体和水蒸气。

地面空气进入矿井后，由于采矿作业、矿岩表面氧化及坑木腐烂、人员呼吸、机动车的消耗等原因，使空气中氧的含量减少，二氧化碳增加，并混入了各种有毒有害气体和矿尘，同时，空气的温度、湿度和压力也发生了变化。当地面空气进入矿井后，其组成成分变化不大时，称为矿内新鲜空气（简称新风），如井底车场、运输大巷中的空气；反之，称为污浊空气（简称污风），如回风巷中的空气。

井下采掘工作面进风流中的空气成分（按体积计算），氧气不得低于20%，二氧化碳不得超过0.5%，入风井巷和采掘工作面进风空气中的含尘量不得超过0.5 mg/m^3。

2. 矿内空气的主要有毒有害气体

井下爆破、矿岩氧化与自燃、坑木腐烂、井下火灾等都会产生有毒气体，主要有一氧化碳、二氧化碳、硫化氢、二氧化硫等。一氧化碳、硫化氢、二氧化硫都是剧毒的，能引起中毒事故。二氧化碳虽然无毒，但它是窒息性气体，人员处于二氧化碳气体浓度高的场所，会造成人员窒息死亡。井下职工一旦发生中毒事故，应立即将中毒人员抬到新鲜风流的巷道或地面，并根据情况，迅速采取急救措施。主要有毒气体中毒症状及急救措施见表5—1。

表 5—1　　井下主要气体中毒症状与急救措施

气体名称	来源	物理性质	中毒症状	安全浓度（%）	急救措施
一氧化碳（CO）	爆破、柴油机、火灾等	无色、无味、无臭、难溶于水	头痛、呕吐、四肢无力、失去知觉、两颊有红斑点、嘴唇呈桃红色	0.002 4	保暖，人工呼吸或苏生器输氧
二氧化氮（NO_2）	爆破、柴油机工作	棕红色、有刺激性臭味、极易溶于水	咳嗽、胸痛、呕吐、呼吸困难，手指、头发变黄	0.000 25	切忌施行人工呼吸，可用拉舌头刺激呼吸或苏生器输纯氧气
硫化氢（H_2S）	有机物腐烂、硫化矿岩中放出、爆破等	无色、微甜、臭鸡蛋气味、易溶于水	头痛、呕吐、流鼻涕、四肢无力、呼吸困难	0.000 66	人工呼吸或苏生器输氧、将浸过氯水的棉花或毛巾放在嘴鼻旁或口内
二氧化硫（SO_2）	含硫矿氧化自燃或爆破	硫黄味、易溶于水	眼红肿、流泪、咳嗽、喉痛	0.000 5	拉舌头或活动上肢刺激神经引起呼吸

井下作业地点的空气中，粉尘和有害物质的最高允许浓度不得超过表5—2的规定。

表5—2　　井下作业地点有害物质最高允许浓度

序号	物质名称	最高容许浓度
1	有害物质 一氧化碳 CO 氮氧化物（换算为二氧化氮）NO_X 二氧化硫 SO_2 硫化氢 H_2S	 30 mg/m^3 5 mg/m^3 15 mg/m^3 10 mg/m^3
2	放射性物质 氡 $^{222}_{86}Rn$ 氡子体 α 潜能	 3.7 kBq/m^3 6.4 $\mu J/m^3$
3	生产性粉尘 含游离二氧化硅10%以上的粉尘（石英、石英岩等） 石棉粉尘及含石棉10%以上的粉尘 含游离二氧化硅10%以下的滑石粉尘	 2 mg/m^3 2 mg/m^3 4 mg/m^3

3. 矿内气候条件

井下气候条件是指井下空气的温度、湿度和风流速度三个主要参数的综合作用。井下工作面的气候条件的好坏，直接影响职工的安全健康和工作效率。

（1）井下空气温度。井下空气温度是影响井下气候条件的重要因素。矿内空气温度过高，人体散热困难，感到闷热难当；过低，则散热太快，畏寒、易感冒。井下最佳气温为 15 ~ 20℃，工作面最高温度不得超过 28℃，否则，应采取降温或其他防护措施。进风井的空区温度应经常保持在 2℃以上，但禁止采用明火直接加热进入矿井的空气。

（2）井下空气湿度。空气的湿度是指空气中所含水蒸气的量，可用绝对湿度和相对湿度来表示。绝对湿度是指每立方米空气中含水蒸气的质量（克）。在某温度下空气中容纳的水蒸气的最大值称为饱和状态下的水蒸气含量。相对湿度是指每立方米的空气中含有的水蒸气的质量与同一温度下饱和水蒸气质量之比。空气湿度一般用相对湿度表示，可用湿度计进行测定。空气湿度的大小能影响人体的出汗蒸发和对流散热。相对湿度大于 80% 时，人体出汗不易蒸发；相对湿度小于 30% 时，则感觉干燥，并引起黏膜干裂。井下空气湿度以 40% ~60% 为宜。矿井中的湿度一般比较大，可达 80% ~90%，回风巷可达 90% 以上。

（3）风速。矿内风流的速度过低，汗水不易蒸发，人体散热不畅，会感到闷热；风速过高，人体散热太快，则容易感冒。因此，应当控制和调节矿井风流速度。

为了保持井下适宜的气候条件，空气的温度、湿度和风速三者应相互匹配得当。要控制井下相对湿度比较困难，目前只能从调节温度和风速着手。

二、矿井通风

为了给井下输送新鲜空气，必须建立和完善矿井通风系统。矿井通风系统是向井下各作业地点供给新鲜空气，排出污浊空气的通风动力、通风网络和通风控制设施的总称。它对全矿井的通风安全状况具有全局性的影响，是搞好井下通风防尘工作的基础。

1. 矿井通风方式

(1) 按矿井通风动力分类。促使风流在井巷中流动的动力有两种：自然通风和机械通风。

1) 自然通风：利用矿井的自然条件（如温度、高差）使进、回风井内的空气产生压力差，而使井下空气流动的通风方法。矿井产生自然风压的原因和大小取决于矿井进风井和回风井的高差和温差。一般在夏季风流从上而下流动，在冬季则从下而上流动。在春秋季节，由于地面与井内空气温差不大，自然风压不大，有时造成风流停滞现象。在高山区，因昼夜温差大，风流方向可能在昼夜间发生变化。自然风压的大小及风流方向极不稳定，随季节而变化，对矿井生产安全不利。因此，一般不宜采用自然通风，而应采用机械通风。

2) 机械通风：利用矿井通风机（扇风机）的作用，使进、回风井井口产生压力差而促使空气流动的通风方法。矿用风机按用途分有三类：

用于全矿井或矿井某一翼通风的风机称主要扇风机，简称主扇。

用于矿井内某一区域通风，借以调节区域风量，帮助主扇工作的风机称为辅助扇风机，简称辅扇。

用于矿井局部地点，如掘进工作面通风的风机称为局部扇风机，简称局扇。

(2) 按主扇工作方式分。按主扇工作方式分有压入式、抽出式和压抽混合式三种。

1) 压入式：主扇安装在进风井井口附近，利用风硐将扇风机出口与进风井筒相连通，采用密闭将井口封闭。它是借助风机运转的机械力量，把地面空气压入井下，经各用风地点后，污风由出风井排出地表。

2）抽出式：主扇安装在出风井井口附近，并用风硐与出风井筒连通，同时将出风井口密闭。当风机运转后，新鲜空气由进风井进入井下，经各用风地点后，由风机抽出地表。

3）压抽混合式：两台或两台以上的主扇，一台为压入式，另一台为抽出式，同时在同一矿井工作。

2. 通风构筑物

用来引导、控制、调节风量的装置，称为通风构筑物。根据用途不同，通风构筑物可分为两大类。

(1) 引导风流通过的构筑物。包括扇风机风硐、反风装置、风桥和调节风窗等。

扇风机风硐：是连接主扇和风井的一段巷道。

反风装置：是用来在特殊情况下（如发生火灾的情况下）改变风流方向的装置，一般安装在主扇风机后。

风桥：是当进风道与回风道平面交叉时，使新风与污风互相隔开形成立体交叉的一种通风构筑物。常见的风桥有混凝土风桥、砖风桥、铁风筒风桥等。

调节风窗：是用来调节巷道中风流的大小的通风设施。

(2) 隔断风流的构筑物。包括风门、挡风墙、密闭等。其基本要求是：结构严密，坚固耐久，漏风小。

风门设在不允许风流通过，但需行人、运输的巷道中。风门一般有普通风门和自动风门。

挡风墙、密闭在不允许风流通过，又不走行人与通车的井巷。永久性的密闭可用砖、石或混凝土砌筑。临时密闭则用木柱、木板、破旧风筒等材料构筑。

井下通风设施的作用是用来控制和调节巷道和用风地点的风速、风量，保证巷道、用风地点的用风，因此，井下通风设施对矿井通风系统的正常运转具有重要作用。

3. 矿井通风要求

（1）矿井应建立机械通风系统。对自然风压较大的矿井，当风量、风压和作业场所空气质量能够达到标准规定的要求时，允许暂时用自然通风代替临时通风。

（2）采场形成通风系统之前，不应进行回采作业。矿井主要进风风流不得通过采空区和塌陷区，需要通过时，应砌筑严密的通风假巷引流。主要进风巷和回风巷应经常维护，保持清洁和风流畅通，不应堆放材料和设备。

（3）进入矿井的空气，不应受到有害物质的污染。从矿井排出的污风，不应对矿区环境造成危害。

（4）箕斗井不得用作进风井。主要回风井巷不得用作人行道。

（5）井下各采掘工作面之间，应尽量不采用串联通风。风流质量要满足规程的要求。

（6）采场、二次破碎巷道和电耙巷道应贯穿风流通风或机械通风。电耙司机应位于风流的上风侧。

（7）采空区应及时密闭。采场开采结束后，应封闭所有与采空区相通的影响正常通风的巷道。

（8）通风构筑物应由专人负责检查、维修，保持完好严密状态。主要运输巷道应设两道风门，其间距应大于一列车的长度。手动风门应与风流方向成80°～85°角，并逆风开启。

（9）风桥的构造和使用应符合下列规定：风量超过20 m^3/s，应设绕道式风桥；风量为10～20 m^3/s，可用砖、石、混凝土砌筑；风量小于10 m^3/s 时，可用铁风筒；木制风桥只准临时使用；风桥与巷道的连接处应做成弧形。

（10）正常生产情况下，主扇应连续运转。当主扇发生故障或需停机检查时，应立即向调度室和主管矿长报告，并通知井下作业人员。

（11）每台主扇应有相同规格型号的备用电动机。

（12）主扇应有使矿井风流在10 min 内反风的措施，每年至少进行一次反风试验。主扇或通风系统反风，应执行事故应急预案。

（13）主扇风机房应设有测量风压、风量、电流、电压和轴承温度等的仪表。每班都应对主扇风机运转情况进行检查，并填写运转记录。有自动监控及测试的主扇，每两周应进行一次自控系统的检查。

三、局部通风

在掘进井巷过程中，只有一个出口的独头巷道没有形成通风网路，必须采用局部通风方式对其进行局部通风（或掘进通风），将新鲜空气引到工作面，排出工作面的炮烟、粉尘等污浊空气，否则，将产生炮烟中毒和尘肺病。局部通风就是利用空气扩散、导风设施或局部扇风机对独头巷道进行通风的方法。

1. 局部通风方法

（1）利用主扇（或辅扇）风压或自然风压为动力的全矿总风压通风。

（2）利用空气扩散作用的扩散通风。

（3）利用引射器通风的引射器通风。

（4）利用局部扇风机的局部通风方法。

2. 局扇通风

（1）局扇通风方式：局扇通风是将局扇与风筒相连接，并将风筒末端引至工作面。局扇通风又分为压入式、抽出式和压抽混合式三种方式，如图5—8所示。

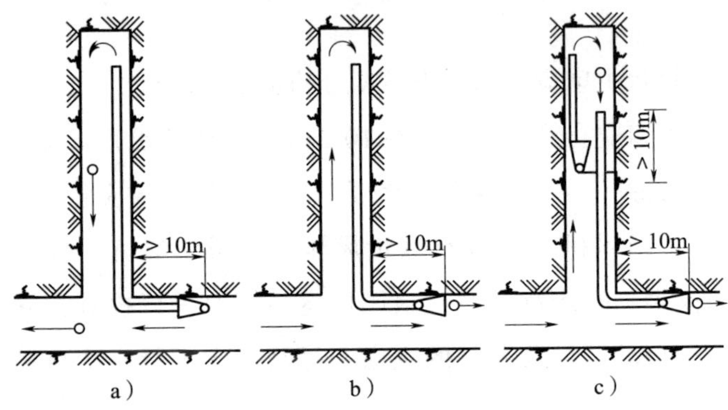

图5—8　局扇通风方式

a）压入式　b）抽出式　c）压抽混合式

局部通风要求：

1）从贯穿风流巷道中吸取的风量不得超过该巷道总风量的70%。

2）压入式通风时，吸风口应设在贯穿风流巷道的上风侧，距离独头巷道口不得小于10 m，出风口离工作面的距离不超过10 m；抽出式通风时，排风口应设在贯穿风流巷道的下风侧，距离独头巷道口不得小于10 m，入风口离工作面的距离不应超过5 m。混合式通风时，作抽出式工作风机的排风口也应设在贯穿风流巷道的下风侧，距离独头巷道口不得小于 10 m，同时要求吸入口处的风量比压入式局扇的送风量大 20% ~25%；压入式的吸风口与抽出式风机的吸风口距离要大于 10 m。

3）人员进入独头工作面之前，应开动局扇进行通风，确保空气质量满足作业要求。独头工作面有人作业时，局扇应连续运转。

4）停止作业并已撤除通风设备而又无贯穿风流流过的采场、独头上山或较长的独头巷道，应设栅栏和警示标志，防止人员进入。若需要重新进入，应进行通风并分析空气成分，确认安全方可进入。

（2）风筒。有刚性风筒和柔性风筒两种。

柔性风筒有人造革风筒、帆布风筒、胶皮、硬质塑料风筒等多种。柔性风筒质量轻、可折叠、耐腐蚀、安装方便，普遍使用。

刚性风筒普遍采用的是铁皮、铝皮制成的金属风筒。刚性风筒的风阻较小。金属风筒笨重，搬运和修补不方便，安装麻烦，只在特殊情况下使用。另外，塑料风筒和可伸缩风筒也有生产和使用。

为使局部有更好的通风效果，满足长巷道掘进通风需要，必须减少风筒的阻力和漏风。因此，应注意以下几点：

1）在巷道断面允许的条件下，应尽量采用直径较大的风筒，以降低风筒风阻，提高有效风量。

2）保证风筒接头的质量，减少接头漏风。接头要严紧，加长每节风筒的长度，减少接头数，并改进接头方法。

3）风筒悬挂应做到吊挂平直，拉紧吊稳，逢环必挂，缺环必补，拐弯平缓，及时清理风筒内的积水。

4）避免车碰和炮崩。

5）要有专人负责，经常检查和维修。

四、矿井防尘

1. 通风除尘

井下各作业地点的排尘风速如下：

（1）硐室型采场最低风速应不小于0.15 m/s。

（2）巷道型采场和掘进巷道应不小于0.25 m/s。

（3）电耙道和二次破碎巷道应不小于0.5 m/s。

2. 凿岩时的防尘

井下采掘过程中，凿岩产生的矿尘占的比例较大，尤其是干式凿岩，产生的矿尘约占井下矿尘量的85%，因此，矿山必须采用湿式凿岩，即采用中心供水与旁侧供水的两种凿岩机。

3. 爆破时的防尘

爆破的瞬间，空气中的粉尘量高达数千毫克，甚至上万毫克，爆破30 min后，粉尘浓度还高达十几毫克。爆破防尘的措施，一是采用水封爆破，即将装水的塑料袋代替炮泥充填炮孔；二是喷雾洒水，包括爆破自动水幕、风水喷雾器和人工洒水等。

4. 装卸矿时的防尘

装卸矿作业的防尘措施主要有：湿润矿岩，在矿岩堆上洒水；在巷道顶板或帮壁安装喷雾器；在装岩机铲斗上装自控式喷雾器；卸矿溜井密闭、抽尘净化。

第七节　矿井火灾防治

矿井火灾是指发生在井上和井下威胁到矿井安全生产和人员的火灾，可分为地面火灾和井下火灾。地面火灾，如矿山工业广场内的厂房、仓库、储矿场及露天采场等处的火灾。井下火灾，如发生在井底车场、硐室、巷道、采场、采空区的火灾。根据矿山火灾发生的原因，可分为内因火灾和外因火灾。内因火灾也称自燃火灾，是由于矿岩本身的物理和化学反应发热所引起的，如硫铁矿自燃引发的火灾。外因火灾又称外源火灾，是指由于外在的高温热源引起可燃物质燃烧而致的火灾，如吸烟、电焊、用电炉或灯泡取暖、明火等原因引起的火灾。

非煤矿山井下一旦发生火灾，将会烧毁井下的生产设备设施，同时产生大量的有毒有害气体，有毒有害气体随着风流流到井下工作面，往往造成人员大量中毒窒息而亡，因此，矿井火灾的危害非常大，井下防火工作一定要引起高度的重视。

一、矿山防火安全要求

不管是地面火灾还是井下火灾，都会造成重大的人员伤亡和财产损失，因此，矿山企业一定要对防火工作进行严格管理，防止火灾事故的发生。一旦发生了，要及时组织灭火，将事故控制在最低程度。

矿井防火的一般要求如下：

（1）应按照有关法律法规和标准的要求，建立防火制度，配备足够的消防器材，成立兼职消防队。

(2) 地面和井下应建立消防供水系统，设置消防器材。

(3) 地面厂房和建筑物之间应建立消防通道，易发生火灾的设施和建筑物应远离井口，以防止地面火灾蔓延到井下。

(4) 主要进风巷道、进风井筒及其井架和井口建筑物，主要扇风机房和压入式辅助扇风机房，风硐及暖风道，井下电机室、机修室、变压器室、变电所、电机车库、炸药库和油库等，均应用非可燃性材料建筑，室内应有醒目的防火标志和防火注意事项，并配备相应的灭火器材。

(5) 井下进行电焊、动火作业，应实行动火审批制度。

(6) 矿井应编制矿井火灾事故应急预案，并根据采掘计划、通风系统和安全出口的变动情况及时修改。矿井防火灾计划应包括防火措施、撤出人员和抢救遇难人员的行动路线、扑灭火灾的措施、调度风流的措施、各级人员的职责等。

(7) 矿山企业应规定专门的火灾信号，并应做到井下发生火灾时，能通知工作地点所有人员及时撤离危险区。安装在井口及井下人员集中地点的信号，应声光兼备。

二、井下外因火灾的预防

1. 井下外因火灾发生的主要原因

(1) 明火引起的火灾与爆炸。在井下使用的电石灯、吸烟、电焊火星及其他各种火焰与蜡纸、棉纱、碎木屑、油毛毡等可燃物接触时，很容易引起火灾。香烟在燃烧时，表面温度可达 350 ~ 400℃，香烟头不熄灭而随便乱扔，极易引起火灾。井下违章进行焊接、爆破作业等发生的明火是引起井下外因火灾的主要原因。某矿在一次大爆炸装药过程中，悬挂的电石灯掉落在炸药堆上，引燃炸药发生火灾，造成44人中毒死亡。焊接时产生的温度达1 500～2 000℃，焊花可飞溅10 m左右，也是非常危险的火源之一。

（2）电弧和电火花。井下电气线路、设备短路、绝缘击穿、电气开关熄弧不良等，会产生强烈的电弧和电火花，温度可达1 500～2 000℃，足可引燃可燃物质。灯泡打破后其乌丝温度达2 500℃，也可点燃可燃物引发火灾。

（3）过热物体。过热物体的高温表面是常见的井下火灾的火源。井下各种机械设备的转动部分在润滑不良、散热不好或其他故障状态下，会因摩擦发热而温度升高到足以引燃可燃物的程度。顶板冒落、岩石片帮都能引起较大的摩擦和冲击，在通风不良时，产生的热能积聚，可能引燃附近的可燃物。

此外，爆破时产生的高温有可能引燃硫化矿尘、可燃气体或木材。

2. 井下外因火灾的预防措施

预防外因火灾的途径有控制引火源和控制易燃物质。消除和控制外因火灾的主要措施有：

（1）矿井的井筒、井架和井口建筑物、进风平巷，都应采用不燃性建筑材料建筑。

（2）井下各种油类物质，应分别存放在专用的硐室中。装油的铁桶应有严密的封盖。储存动力用油的硐室应有独立风流将污风排入回风道，储油量一般不超过三昼夜的用量。

（3）井下柴油设备或液压设备严禁漏油，出现漏油时要及时修复，每台柴油设备均应配备灭火装置。

（4）井下使用过的废油、棉纱、布头、油毡、蜡纸等易燃物应放入有盖的铁桶内，并及时运至地面集中处理。

（5）严格控制井下火源。在大爆破过程中，要加强对电石灯、吸烟等明火的管制，防止明火与炸药及其包装材料接触引起燃烧、爆炸。不得在井下点燃蜡纸照明，更不准用木材生火取暖。在井口或井下进行焊接切割作业要制定相应的防火措施，并经有关部门批准，才能实施，事后要严格检查、清理现场。禁止用火炉或明火直接加热井下空气，或用明火烘烤井口冻结的管道；井下禁止使用电炉和灯泡防潮、烘烤和采暖。

（6）对有硫化矿尘燃烧、爆炸危险的矿山，要限制一次装药量，并填好炮泥，严禁用黄铁矿粉做炮泥。

（7）在井下作业时，应防止通电线路和电气设备过热、短路和产生电火花。应正确选择、安装和使用电线、电缆及电气设备，正确选用熔断器或过流保护装置，电缆或设备电源线接头要牢固可靠。电线、电缆要挂牢，防止受意外的机械损伤而发生短路、漏电。

（8）井下柴油设备应配备灭火器。

三、井下内因火灾的预防

矿山内因火灾是由于矿物氧化自燃引起的。对金属和非金属矿山来说，内因火灾主要发生在矿石、围岩中含硫矿石、煤和黑色炭质页岩的矿山。据统计，我国目前开采的矿山中，约有 40% 的煤矿、20% ~30% 的硫铁矿、5% ~10% 的有色金属和非金属硫化矿具有内因火灾危险。

矿山内因火灾是在空气供给不足的情况下缓慢发生的，通常无明显的火焰，产生大量有毒有害气体，并且发火地点多在采空区或矿柱内，因此，给早期发现和扑灭带来许多困难。

1. 硫化矿内因火灾的外部征兆

早期识别内因火灾，对防止火灾发生和迅速扑灭火灾有很重要的意义。识别内因火灾的方法主要是观察内因火灾的外部征兆、化学分析可疑区域的空气和地下水成分，以及测定可疑区域的空气温度、湿度和岩石温度。

硫化矿石在自燃过程中，往往会在井巷内出现一些外部征兆，这些征兆有：巷道壁和木材上有凝结的水珠，即“出汗”现象；在冬季可以看到从地表的裂缝、钻孔口冒出蒸气，或局部地段冰雪融化；矿内空气和岩石温度升高；地下水变红，黏度增大；由于自燃产生 SO_2 和 H_2S 气体，人们会嗅到臭鸡蛋的刺激性气味；在火区附近人会感到闷热、头痛，裸露的皮肤有微痛，精神过于兴奋或疲劳等。

2. 矿井内因火灾的预防措施

矿井内因火灾是由于矿物氧化、自热自燃发展成为火灾的，因此，减少、限制矿石与空气的接触，防止或减缓矿石氧化过程中热量的聚积是防止内因火灾的关键。主要技术措施如下：

（1）合理选用开拓和采矿方法，提高开采强度，减少矿石和坑木损失。如尽量在围岩中布置开拓、采准巷道和少留矿柱，减少对矿体的切割；遵循自上而下、由远而近的开采顺序，减少矿体过早破坏；选择合理的采矿方法，降低开采损失，减少采空区中残留的矿石和木材量；正常、均衡地进行回采，提高采矿强度，及时处理和严密封锁采空区。

（2）建立合理的通风制度，有效地减少向采空区的漏风。如采用机械通风，保证矿井风流稳定，不受自然风压影响；尽量采用并联方式向工作面供新风，避免污风串联；采取有效措施调节和控制风流；加强对通风构筑物和通风状况的检查和管理，提高密闭和风门的质量，防止向采空区漏风；尽量将通风构筑物如风门、风窗或辅扇布置在岩石巷道中或地压小的地方，防止出现裂隙时可能造成向采空区漏风。

（3）密闭采空区和局部充填隔离。利用封闭或局部充填措施把可能发生自燃的地段与外界空气隔离，用泥浆堵塞矿柱裂隙，可以防止硫化矿石氧化。另外，还要在通往采空区的巷道口上建立防火墙，隔绝采空区。

（4）预防灌浆。就是把泥浆（由黄土、沙子和水按一定的比例混合制成）用管道通过钻孔、专用的灌浆管道或地表陷落区裂隙向火区或采空区灌浆，使矿石与空气隔离，阻止氧化，达到预防和灭火的目的。

（5）均压通风。采用矿井通风中的风压调节技术使火区或有自燃危险的区域的进、回风两侧的压差尽量小，从而减少或消除漏风，防止硫化矿石自燃。

（6）阻化剂防火。用一定的钙盐、镁盐或其他的化合物的水溶液制成阻化剂喷洒或注入矿石或采空区内，以抑制、延缓硫化矿石氧化，达到预防自燃的效果。

四、井下火灾处理

矿井一旦发生火灾，矿领导必须亲临现场指挥，立即启动井下火灾事故应急救灾预案，迅速撤出灾区及危险区的人员；稳定矿井风流，控制火灾的发展和火烟的蔓延，采取有效措施尽快消灭火灾。井下作业人员应了解井下火灾的危害和特点，搞好日常防火工作，熟悉正确的避灾路线和逃生措施，救护人员要掌握井下灭火、人员救护方法。应急预案及灾害演习每年应进行一次。

1. 撤离人员

发现起火，应迅速报告矿调度室；车间主任、班组长应迅速组织工人沿规定的路线及时撤出。为了容易辨别方向，可以采取各种标志（如设置巷道名称牌、通往安全出口的指示牌或指示灯等）以便能迅速组织工人沿规定的路线及时撤出。撤离时必须迎着新鲜风流撤退，如果所有撤退路线被火烟隔断，应尽快进入地下避险硐室或构筑临时避难室自救。

2. 侦察火区

在接到火灾报告后，应立即组织矿山应急救援人员，尽快查明火源及发火地点的情况，查明火灾发生地点是否还有遇险人员。根据防火灾计划，拟订具体的灭火和抢救行动计划。为避免被火灾产生的有毒有害气体伤害，侦察火情时应沿着新鲜风流方向接近火源。

3. 控制风流

井下火灾产生的火风压可能会引起风流的逆转，导致火灾、有害气体难以控制。控制风流就是要防止风流逆转和有害气体蔓延，保证矿井正常通风系统不为火灾所改变。为控制火灾的发展和蔓延以及避免工人遭受火烟的有毒气体的毒害，控制风流是应该采取的首要措施。

火灾发生时，火源地的空气由于温度升高，将会产生局部的自然风压，这种风压称为火风压。火风压会使矿内局部或全矿风流发生变化，扰乱正常的通风系统。火烟随着风流传播，会扩大灾害范围，引起井下人员中毒，同时也会给灭火工作增加困难。

由于矿内发生火灾的情况不同，通风系统又复杂多变，因此，控制风流和火烟必须根据具体情况采用不同的方法。控制风流的方法有以下几种：

（1）正常通风或减少风量。一般在回风巷道发生火灾时可考虑采用。

（2）人工反风。当总进风道及井底车场发生火灾时，可以考虑采用此法，但要慎重。

（3）停风。全矿停风很少采用，一般根据需要中断局部地区的风流。

（4）风流短路和用防火门遮断风流。一般根据需要在局部地区采用此法。

4．切断电源

电气设备着火时，应首先切断电源。在电源切断之前，只准用不导电的灭火器材灭火。

5．组织灭火或封闭火区

根据火灾的性质、发生地点、范围、发展阶段以及现有的灭火器材，采取适当的灭火方法。需要封闭的发火地点，可采取临时封闭措施，然后再砌筑永久性防火墙。进行封闭工作之前，应由佩戴隔绝式呼吸器的救护队员检查回风流的成分和温度。在有害气体中封闭火区，必须由救护队员佩戴隔绝式呼吸器进行。在新鲜风流中封闭火区，应准备隔绝式呼吸器。如发现有爆炸危险，应暂停工作，并采取措施，加以消除。

五、矿井灭火方法和火区管理

1．矿井灭火方法

矿井灭火有直接法、封闭法和联合法。要根据火灾的性质、发生地点、范围、发展阶段以及现有的灭火器材，采取合适的灭火方法。一般来说，应尽可能采用直接法灭火。

(1) 直接灭火法。直接灭火法是采用水、灭火器、沙土、空气泡沫流等直接扑灭火源，或者挖掘火源并将其运走的灭火方法。用水灭火时要保证供给足够的灭火用水，同时要使喷向火区的水能正常排出，以免高温水流到邻区促进矿石氧化。要保证灭火区的正常通风，将火烟和蒸气排到回风道，同时还应随时检测火区附近的空气成分。火势较猛时，先将水流射往火源外围，然后逐渐逼向火源中心。对于油类火灾可采用水雾灭火，其方法是在火源附近安设若干喷水器，形成扇形水幕，水很快化为蒸气，隔断对火源的空气供给，而且也起冷却作用。

灭火器主要用于扑灭各种硐室和巷道中的小型火灾。沙土灭火方法简单、费用低，主要用于扑灭井下硐室中的电气设备和油料等小型火灾。挖出火源就是在火灾之初尚未出现明火或燃烧范围较小时，用长柄工具将高热物体或燃烧体取出，将其冷却、熄灭和运走，并用惰性物质将空洞填塞。

(2) 封闭灭火法。封闭灭火法就是将火区封闭以隔绝空气，火灾将因缺氧而熄灭。当不能用直接法或其他方法将火扑灭时，可考虑采用封闭法。

(3) 联合灭火法。联合灭火法就是将火区封闭后，再向封闭火区注入泥浆或惰性气体，以提高灭火的效果和速度。当火灾不能用上述灭火法扑灭时，应采用联合灭火法。

2. 火区的管理和启封

为了判断火区内火灾是否熄灭和能否启封，应该经常检查火区。检查火区的方法是定期采集火区内的空气试样并进行成分分析，测量火区内的温度和流出来的水的温度。如果火区内的空气和矿岩温度已经稳定地降至30℃以下（或与火灾发生前该区的日常温度相同），火区内空气中的氧浓度降到5%以下，并且火区内一氧化碳和硫化氢等气体浓度逐渐下降，并稳定在0.001%以下，火区的出水温度低于25℃（或与火灾发生前该区的日常出水温度相同），当上述情况持续稳定时间达到一个月以上时，此时可以认为火已经熄灭。

当确认火灾已经熄灭后，才可以考虑启封火区。启封火区要经过矿主管领导批准，并制定安全措施，由矿山救护队负责进行。在启封火区工作完毕后三天内，每班必须由矿山救护队检查通风工作，测定水温、空气温度和空气成分，只有在确认火区完全熄灭、通风等情况良好后，方可重新进行生产工作。

第八节　矿山水害防治

矿山建设和生产过程中，一般都会遇到渗水或涌水现象。如果渗入或涌入露天坑或矿井的水量超过矿山正常的排水能力，采场或巷道可能被淹，酿成矿山水灾。一旦矿山发生水灾，就会使生产中断，设备被淹，人员伤亡。

矿山水灾的水源有两类：地表水和地下水。地表水包括地面的江河、湖泊、池沼、水库、废弃露天坑和塌陷区的积水，以及雨水和冰雪融化水等。地下水包括含水层水、断层裂隙水、岩溶水和老空积水等。这些水都可能经过各种通道或岩层裂隙进入矿内。据统计，在矿山水灾事故中，约10% ~15%的水源是地表水，85% ~90%来自地下水。

一、地表水的治理

为了防止地表水对矿井造成威胁，矿井必须对地表水进行综合治理，也就是在地表修筑防排水工程，填堵塌陷区、洼地和隔水防渗等多种防水措施，防止减少地表水大量进入矿井。具体措施有：

(1) 合理确定井口位置。矿井（竖井、斜井、平硐）井口标高，必须高于当地历史最高洪水位1 m以上，或修筑坚实的高台或在井口附近修筑可靠的排水沟和拦洪坝，防止暴发山洪经井筒灌入井下。

(2) 填堵通道和消除积水，堵塞地表水进入井下的通道。对可能通向井下的裂隙、洞穴、废弃的钻孔等，应及时填堵，防止水流渗入。对于面积大的塌陷洼地积水，可开凿疏水沟渠排除积水，或修筑围堤拦水。

(3) 整治河流，减少或阻止河水渗漏。可采取河流改道和铺设人工防水层。

(4) 挖沟排（截）洪，将洪水排出矿区外。在塌陷区的周边挖截洪沟，防止山洪通过塌陷区灌入井下。

(5) 留安全矿柱，隔断透水通道，防止地表水进入矿内。

(6) 做好雨季前的防汛工作。每年雨季前应进行防水检查，编制防水计划，防水工程应在雨季前竣工。在雨量集中量大的矿山，汛期前要加固和修整地面防水工程；调整采矿时间，尽量避开汛期回采；加强对防洪工程设施的检查，备足防洪抢险器材。

二、地下水的治理

为了防止矿山井下发生突然透水事故，应遵循“有疑必探，先探后掘”的原则，采取“查、探、堵、放”措施，即查明水源，调查老空；探水前进，超前钻孔；隔绝水路，堵挡水源；放水疏干，消除隐患的综合防水措施。

1．查明水源

做好矿井水文地质观测，查明矿井水源与分布，如古井、旧巷、采空区的分布；老空积水情况；可能出水的断层、裂隙的分布位置以及含水层、透水层的性质等；收集地面气象、降水量和河流水文资料，查明地表水体分布范围和水量；观测探水钻孔和水文孔中的水压、水位、水量变化，分析水质，查明矿井水来源。

2．超前探水

在水文地质条件复杂、有水害威胁的矿井进行采掘作业，必须坚持“预测预报、有疑必探、先探后掘、先治后采”的原则。

矿井接近水淹或者可能积水的井巷、老空、含水层、导水断层、暗河、溶洞和导水陷落柱时要进行探放水。

采掘工作面探水前，应当编制探放水设计，并采取防止瓦斯和其他有害气体危害等安全措施。探放水钻孔的布置和超前距离，应当根据水头高低、矿（岩）层厚度和硬度等确定。一般情况下，其超前距不得小于30 m。探放老空水钻孔，应按巷道的设计方向在其水平面和竖直面内呈扇形布置；钻孔应成组布设，其孔数视超前距和帮距而定。探放断层水及底板岩溶水的钻孔，必须沿掘进方向的前方及下方布置；底板方向的钻孔不得少于2个。探放水钻孔除兼做堵水或疏水用外，终孔孔径一般不得大于58 mm。巷道接近可能导水的老钻孔探水线时，应向老钻孔布设扇形探水钻孔。

探水前应做好下列准备工作：

（1）检查钻孔附近坑道的稳定性，并加固巷道支护。

（2）清理巷道、准备水沟或其他水路。

（3）工作地点或附近安装电话。

（4）巷道及其出口，应有良好照明和畅通的人行道；巷道的一侧悬挂绳子（或利用管道）做扶手。

（5）对断面大、岩石不稳、水头高的巷道进行探水，应有经主管矿长批准的安全措施计划。

在探水钻孔钻进时，发现岩石松软、片帮、来压或者钻眼中水压、水量突然增大和顶钻等透水征兆时，或有毒有害气体逸出等现象，应当立即停止钻进，并不得移动钻杆，监测水情。如发现情况危急，应当立即组织所有受水害威胁区域的人员撤到安全地点，然后采取安全措施进行处理。

探放老空水前，应当首先分析查明老空水体的空间位置、积水量和水压。探放水孔应当钻入老空水体，并监视放水全过程，核对放水量，直到老空水放完为止。当钻孔接近老空时，预计可能发生瓦斯或者其他有害气体涌出的，应当设有检查人员或者矿山救护队员在现场值班，随时检查空气成分。如果瓦斯或者其他有害气体浓度超过有关规定，应当立即停止钻进，切断电源，撤出人员，并报告矿井调度室，及时处理。

矿井探放水工作有高压水威胁，且必须在一定的安全距离范围内才能进行探放。矿井专用探放水钻机具有钻探深度大且可以固定防喷性能，其他钻机不具备该性能，因此，矿井探放水必须用专用探放水钻机。

3．排水疏干

有计划地将可能威胁矿井安全的地下水全部或部分排放，或降低矿区地下水位，称为排水疏干，这是最安全、最有效的防治水灾事故的措施。

疏干方法有：在地面打钻，用深井泵或潜水泵把地下水抽到地表，即地表疏干；在井下用各种过滤管配合水泵排水，即地下疏干；在井下用巷道及地表钻孔排水，即地表与地下联合疏干等方法。

井下应设置排水系统，把涌入井下的矿坑水抽排至地表。在水文地质条件复杂，可能发生透水、淹井事故的矿山，为了保证井下发生透水、淹井事故时，排水设备能正常工作，应在井底车场周围设置防水闸门。

4. 隔水与堵水

有的矿山受条件限制，无法疏放地下水，或者采用疏干方法不经济时，可采取隔离水源和堵截水流，即隔水、堵水措施。

隔离水源就是采取留隔离矿（岩）柱和建立隔水帷幕，防止水源入侵矿井或采区。隔水帷幕是在水源与矿井或采区之间的主要通道上，将预先制备的浆液经过钻孔压入岩层裂隙并沿裂隙扩散、凝固，形成防止地下水渗透的一道帷幕。

堵截水流是在井下适当的位置，如通往水害威胁地区的巷道总汇合处、井底车场和井下水泵房等处设置防水闸门，堵住水源，或者在积水老空及有透水危险的区域与采区之间设置防水墙，堵截来水，保护采区安全。

三、矿山排水设施

矿山排水设施的任务就是将矿坑内的积水排出地表，保证矿山安全生产。排水系统一般有水仓、排水设备、排水管道和水沟。排水设备根据其所承担的任务不同，一般可分为移动式排水设备和固定式排水设备。移动式排水设备又称辅助排水设备，只能为矿井的局部排水服务，如竖井、斜井掘进工作面的排水，恢复被淹矿井的排水等。固定排水设备又称主排水设备，是矿井排水的主要形式。排水泵主要有离心式泵、轴流式泵、混流泵、旋涡泵、往复泵、回流泵、喷射泵、气体泵等，矿山主排水泵多采用离心式水泵。

平硐开拓的矿山，矿坑水可通过平硐一侧的水沟自流直接排出地表。竖井、斜井、斜坡道开拓的矿山，需在井下设置水仓和水泵房，将矿坑水汇集到水仓并导流到水泵房吸水井中，由安设在水泵房的水泵，经敷设在水泵房、管子道、副井中的专用排水管道排出地表。

矿井防排水应遵守下列安全规定：

(1) 井下主要排水设备，至少应由同类型的三台泵组成一台生产、一台检修、一台备用。其中任一台的排水能力，应能在 20 h 内排出一昼夜的正常涌水量。除检修水泵外，其余水泵应能在 20 h 内排出一昼夜最大涌水量。井筒内应装设两条相同的排水管，其中一条工作，一条备用。涌水量大、水文地质条件复杂的矿山，在管路设施和泵房布置上，应考虑临时增加排水设备的需要。

(2) 井底主要泵房的出口应不少于两个，其中一个通往井底车场，其出口要装设防水门；另一个用斜巷与井筒连通，斜巷上口应高出泵房地面标高 7 m 以上。泵房地面标高，应高出其入口处巷道底板标高 0.5 m（潜没式泵房除外）。当水泵房与地下变电所相邻时，其底板标高应低于变电所 0.3 m，两者之间应设密闭防水门。

(3) 水仓应由两个独立的巷道系统组成。涌水量较大的矿井，每个水仓的容积，应能容纳 2 ~ 4 h 的井下正常涌水量。一般矿井主要水仓总容积，应能容纳6～8 h的正常涌水量。

（4）水仓进水口应有篦子。采用水砂充填和水力采矿的矿井，水进入水仓之前，应先经过沉淀池。水沟、沉淀池和水仓中的淤泥，应定期清理。

（5）水文地质条件复杂的矿山，必须在合适位置设置防水门，防止泵房、中央变电所和竖井被淹。通往含水带、积水区和有突然涌水可能的巷道，也应在岩石稳固地点设防水门。

（6）对积水的旧井巷、老采区、流砂层、各类地表水体、沼泽、强含水层、强岩溶带等不安全地带应留设防水矿（岩）柱。在上述区域附近开采时，须制定预防突然涌水的安全措施。巷道通过含水地层中黏性物质充填的构造裂隙带、溶洞、破碎带、古风化壳、老采区和流砂层后，应立即支护，支护前严禁往前掘进。

四、矿井透水事故的征兆及处理

1. 井下透水征兆

采掘工作面透水之前，往往会发生一些异常现象，出现明显的征兆，预示井下透水事故即将发生。主要预兆有：

（1）岩壁“挂汗”或“挂红”。积水透过岩石裂隙凝聚在岩壁表面呈水珠状，这种现象称为“挂汗”。当积水中含有铁的氧化物时，透过岩壁会留下暗红色水锈，称为“挂红”。

（2）岩层里发出“吱吱”的水叫声，这是压力较大的积水经过岩层裂缝挤出时，水与缝壁摩擦的声音。

（3）工作面温度下降，空气变冷，出现雾气。这是因为积水温度较低，巷道中进风温度相对较高，就会产生雾气。而在地热影响较大的矿井，地下水温度偏高时，当接近积水区时，温度反而会升高。

（4）顶板淋水加大，出现压力水流。若出水清洁，说明距水源较远；若出水混浊，表明已临近水源。

此外，还有可能出现巷道或工作面顶、底板压力增大，岩石变形，发生片帮冒顶、产生裂隙，支柱变形或倾斜现象，出现渗水、水色发浑、有臭鸡蛋气味等突水预兆。

2. 透水事故处理

（1）透水时的现场处理措施

1）当发现工作面有透水预兆时，要立即停止工作，撤出人员，同时迅速报告有关部门，及时采取处理措施。

2）当进行探、放水工作时，事先要做好有关准备。要确定好避灾路线，保证一旦发生透水时，组织人员迅速撤离，确保人员安全。

3）矿领导接到透水报告后，应立即通知矿山救护队，迅速判定水灾的性质，了解突水地点、影响范围、静止水位，估计突出水量、补给水源等，及时通知有关人员撤离危险区域，关闭有关地区的防水闸门。

4）掌握灾区范围，搞清事故前人员分布，分析被困人员可能躲避的地点。首先应尽快设法与其联系，确定被困者的准确位置，利用压风、打钻或其他方法送入空气和食物，并积极组织营救。如人员没有被隔离，应尽快抢救遇险人员，引导下部中段里的人员沿上行巷道升至地面。

5）根据水情设置必要的构筑物阻水，按需要及时关闭防水闸门，保护矿井排水设备不被淹。如水泵房被淹，要采取强排水措施。

6）迅速组织排水，开动全部排水设备，或立即增设水泵和管道排水，防止水害区域扩大。

7）加强通风，防止有毒气体积聚和发生熏人事故。

8）排水后进行侦察、抢险时，要防止冒顶、掉底和二次突水。

9）抢救和运送长期被困的人员时，要防止突然改变他们已适应的环境和生存条件，造成不应有的伤亡。

（2）被淹井巷的恢复。矿井被淹没后，排除积水的工作是很复杂的。首先必须对水源、矿井静水容积和动态储量进行调查研究，然后制定恢复方案，选择适当能力的排水设备，组织力量进行排水和恢复工作。在涌水量不大或补给水源有限的情况下，可采用增加排水能力的办法直接排出矿井内的积水。

如果井下涌水量（动储量）特别大，用增加水泵能力不能将水排干时，则必须先堵住涌水通路，截住水源，然后再排水。在整个恢复工作时期，必须十分注意通风工作。因为在被淹井巷内通常积存有大量的二氧化碳、硫化氢等有害气体。当水位降低后，压力解除，上述有害气体即大量涌出。因此，必须在排水过程中加强对有害气体的检查，并用局扇进行局部通风，排除有害气体。

在井筒内安装排水管或进行其他作业的工作人员，必须佩戴安全带和自救器。在修复井巷时，要特别注意防止冒顶和坠井事故的发生。

第六章 爆破器材库、尾矿库安全

第一节 爆破器材库安全

一、概述

炸药、雷管等爆破器材是金属矿山重要的生产资料，岩石剥离、井巷掘进、矿石回采及土石方开挖工程等都需要用爆破器材对矿岩进行破碎。由于爆破作业所用的爆破器材是易燃易爆类危险品，炸药库内储存的爆破器材的量较大，一旦由于存放不当，管理不善而发生爆炸事故，将会造成大量人员伤亡。由于存储条件达不到要求，还可能使爆破器材在有效保管期内发生变质、自燃、自爆事故，严重影响矿山安全生产。如果管理不善，特别是一些不法分子非法倒卖爆破器材，使爆破器材流散到社会，将会对社会治安造成极大威胁，因此，加强爆破器材的管理，是十分重要的。

根据《民用爆炸物品安全管理条例》（国务院令第653号）的要求，爆破器材库的选址和建设，应当严格遵守国家有关法规、标准和规范，并采取严格的安全保卫措施，防止发生爆破器材爆炸事故和丢失、被盗事件。

二、爆破器材

常用的爆破器材分为炸药、起爆器材和器具。

1. 炸药

矿山常用炸药的品种有铵梯炸药、铵油炸药、浆状炸药、乳化炸药等，另外还有铵松蜡与铵沥蜡炸药、水胶炸药、硝化甘油类炸药、黑火药等。铵梯炸药的爆炸性能不太好，但比较稳定，是我国工业炸药的主要品种之一，其应用广泛，既可用于露天爆破和地下爆破，添加适量的消焰剂后，还可用于地下煤矿爆破作业。铵油炸药感度低，爆炸威力不够高，易吸湿结块和抗水性差，我国已禁止使用铵油炸药。浆状炸药、水胶炸药和乳化炸药具有抗水性强、机械感度低、安全性好、成本低、爆破效率较高等优点，在露天有水深孔爆破中应用广泛。

2. 起爆器材

起爆器材是引爆炸药的点火和起爆工具，根据其作用可分为起爆材料和传爆材料。雷管属起爆材料，导火索、导爆管属传爆材料，导爆索、继爆管既可起爆也可传爆。使用电雷管还必须有起爆器。

（1）雷管。雷管的外壳种类有铜、铁、铝、塑料、纸壳。雷管按照点火方式分为火雷管、电雷管和导爆管雷管，电雷管和导爆管雷管又分为瞬发管和延期管（秒或半秒雷管、毫秒雷管）。按照爆炸威力有 6 号雷管和 8 号雷管。矿山一般使用 8 号雷管。火雷管因为需要人近距离点火，作业危险性大，安全性差，目前已禁止使用。

（2）导火索。导火索用来引爆火雷管，药芯为黑火药，外面包裹棉、麻纤维、纸、沥青、石蜡等，外观为白色索状。导火索燃烧速度约 120 s/m。导火索因其性能不稳定，目前已禁止使用。

（3）导爆索。导爆索的结构与导火索基本相同，所不同的是其药芯为白色猛炸药，外观颜色为红色。导爆索敏感度较低，需用雷管引爆；威力大，传爆速度快。经雷管起爆后可直接引爆炸药或与之相连的另一根导爆索。

（4）导爆管。导爆管是内壁涂有高能炸药的塑料管。传递的是冲击波，能起爆非电导爆管雷管。其传爆速度快，安全性能较好，但需用雷管、击发枪、导爆索等起爆。

（5）继爆管。继爆管是专门与导爆索配合使用的延期传爆器材。

三、爆破器材储存安全要求

为防止爆破器材变质、自燃、爆炸、被盗以及有利于收发和管理，爆破器材必须储存在专用的爆破器材库里。爆破器材库由专门存放爆破器材的建、构筑物和爆破器材的收发、管理、防护及办公等辅助设施组成，按其作用和性质分为总库、分库和发放站三类；按服务年限分为永久库和临时库两类；按所处位置分为地面库、硐室库和井下库三种。

1. 爆破器材库

（1）总库。总库是区域性库，负责向各分库或发放站供应爆破材料，不直接向爆破员发放爆破器材。

总库都是永久型库，而且大都是地面库，少数是硐室库。井下不设总库。地面总库的总容量：炸药不得超过本单位半年生产用量，起爆器材不得超过一年的生产用量。总库内不准拆箱（袋）发放爆破器材，只准整箱（袋）发放。

（2）分库。分库是生产服务性质的库。允许在库区的独立房间内拆箱（袋），向爆破员直接发放爆破器材。分库和总库的建筑结构要求相同。

地面分库的总容量：炸药不得超过三个月的生产用量，起爆器材不得超过半年的生产用量。硐室库的最大容量不得超过 100 t。井下只准建分库，其库容量炸药不得超过三昼夜生产用量，起爆器材不得超过十昼夜生产用量。

(3) 爆破器材发放站。直接为生产服务，一般服务范围较小。如工作面距分库很远即可设发放站。

2. 爆破器材库的安全技术要求

(1) 地面爆破器材库

1) 选择地面爆破器材库址时，必须充分考虑库区内部及外部的安全距离，尽量设在地形隐蔽的偏远的山丘地带，充分利用地形地貌来缩小爆破地震波、空气冲击波和飞石的破坏范围，不应布置在有山洪、滑坡、有危石威胁和地下水活动危害的地方。在平原和人口较多的地区设置地面库时，为保证安全和减少征地，库区周围应设防护土堤，用以减少冲击波和飞石的危害。

2) 储存爆破器材的库房应为平房，以利于灭火和人员疏散。要注意库房的方位，避免阳光暴晒。库房还应满足防潮和通风要求。库房地面应平整坚实，无裂缝、无铁器之类的东西凸出地面，又能防潮、防腐蚀。储存雷管的库房地面应铺设软垫。库房的门应为两层，外层门应为铁皮包覆的耐火门，里层为栅栏门或金属丝网门，并一律向外打开。门的宽度不得小于 1.4 m，高度不得小于 2.1 m，库内任意一点到门的距离不得大于 15 m。

3) 每个仓库或药堆至小型工矿企业围墙或 100～200 住户村庄边缘应保持一定的安全距离。

4）爆破器材库应设置消防设施和防雷装置，并设有直通公安机关和单位保卫部门的电话，以及与其他部门必要的工作联系电话，还要设电视监控、报警装置，对爆破器材库实行 24 h 的监控。库房内不设电话。周围杂草、干树枝、干树叶应及时清除。

5）在库区所控制的外部范围以内不能进行有碍库房安全的活动，如爆破、狩猎等。如果在控制的范围内增加建筑物或构筑供电、通信、水利、交通等设施时，库房应停止储存爆破器材。

（2）井下爆破器材库

1）分硐室式和壁槽式两种。硐室式爆破器材库主要由炸药硐室、雷管硐室、雷管加工室、导通室、空气预热室、发放室和连接巷道等组成。井下爆破器材库不应设在含水层和岩体破碎带内。井下爆破器材库距井筒、井底车场和主要巷道的距离：硐室式库不小于 100 m，壁槽式库不小于 60 m。距经常行人巷道的距离：硐室式库不小于 25 m，壁槽式库不小于 20 m。距地面或上下巷道的距离：硐室式库不小于 30 m，壁槽式库不小于 15m。

2）井下炸药库应有独立的回风道，并设防爆门。

3）储存爆破器材的各硐室、壁槽的间距应大于引爆安全距离。

4）储存雷管和硝化甘油类炸药的硐室或壁槽，应设金属丝网门。

5）井下爆破器材库和距库房 15 m 以内的连通巷道，应用不燃材料支护，库内要备有足够数量的消防器材。

6）不应在井下爆破器材库对应的地表修筑永久性建筑物，也不应在距库房 30 m 范围内掘进巷道。

7）井下爆破器材库单个硐室储存的药量不应超过 2 t，单个壁槽不应超过0.4 t。

8）在多水平开采的矿井，爆破器材库距工作面超过2.5 km或者井下不设炸药库时，允许在各水平设置临时炸药库。井下爆破材料临时库房、临时存放点，应设专人管理，只准存放当班作业所需的爆破器材，且存放的炸药不超过500 kg，雷管不超过一箱，雷管和起爆体不得和炸药存放在一起。

3. 爆破器材库管理要求

（1）爆破器材存放

1）民用爆破物品应储存在专用仓库内。

2）每个仓库储存的民用爆破物品不得超过其设计容量，对性质相抵触的民用爆破物品必须分库存放。严禁在库房内存放其他物品。

3）雷管和炸药应分库存放；装硝化甘油类炸药、各种雷管和继爆管箱（袋）必须放在货架上，并禁止叠放，装其他爆破器材的箱（袋）应堆放在垫木上，架、堆相互之间的通道宽度不小于1.3 m，货架（堆）与墙壁的距离不小于20 cm；堆放导火索、导爆索和硝铵类炸药的货架（堆）高度不超过1.6 m；爆破器材箱（袋）距上层架板的间距不小于4 cm，架宽不超过两箱（袋）的宽度；库房内爆破器材应码放整齐、稳当，不得倾斜。

4）库内必须保持清洁，不得堆放易燃易爆杂物，要杜绝鼠害；库内严禁烟火和明火照明、严禁用灯泡烘烤爆破器材；必须保持干燥和通风良好，应备有温度计和湿度计，经常检查，记录，使室温不超过35℃。

5）储存硝化甘油炸药时，为防止冻结，库内应备有采暖设备，使难冻的甘油炸药保存在－10～30℃的库房里，易冻的甘油炸药保存在 15～30℃的库房里，并注意采暖设备与炸药箱的距离不小于 1 m，以防温度升高引起炸药爆炸。

6）相对湿度不能过大，一般应控制在 45%～70%的范围内。当库内通风不良和湿度过大时，会增加炸药中的水分，导致炸药失效变质。潮解和硬化结块的硝酸铵类混合炸药会导致使用过程中爆炸不完全或拒爆，从而影响爆破作业的安全。黑火药受潮后会失去燃烧力。在通风不良或湿度过大时，导火索表面会发霉，药芯燃速不正常，在使用时会发生事故。雷管受潮后，金属部件会生锈，纸壳发霉。含有铝、镁组分的药物在水分作用下会导致自燃自爆。所以，库房内要经常通风，而且需要在库外温度低于库内温度时才能通风。如果库外温度高于库内温度，又必须通风时，应在符合相应的库外相对湿度的要求时，才能通风。

（2）爆破器材库管理

1）民用爆炸物品仓库应经有资质的单位进行设计，施工完毕，经有资质的单位进行安全评价合格后，方可投入使用。

2）专用仓库应当指定专人管理、看护，严禁无关人员进入仓库区内，严禁在仓库区内吸烟和用火，严禁把其他容易引起燃烧、爆炸的物品带入仓库区内，严禁在库房内住宿和进行其他活动；库区内的消防设施、通信设施、监控、报警装置和防雷装置应每季度检查一次。

3）矿山企业应当对本单位的爆破器材仓库管理人员进行专业技术培训，经公安机关考核合格，取得《爆破作业人员许可证》后，方可上岗。保管爆破器材的人员必须认真负责，严格执行安全规程与制度，负责验收、保管、发放和统计爆破器材，并保持完备的记录；

对无爆破员安全作业证和领取手续不完备的人员，不得发放爆破器材；及时统计、报告质量有问题及过期、变质失效的爆破器材；参加过期、失效、变质的爆破器材的销毁工作。

4）严禁穿铁钉鞋和易产生静电的化纤服进入库房和发放间；开箱应用不产生火花的工具，并在专设的发放间内进行；不得在库区内打移动电话。

5）一旦发现爆破器材丢失、被盗、被抢，应立即向有关管理部门和当地公安部门报告。

6）民用爆炸物品变质和过期失效的，应当及时清理出库，并予以销毁。销毁前应登记造册，提出销毁方案，报省、自治区、直辖市人民政府民用爆破物品部门，所在地公安机关组织监督销毁。

4．爆破器材的收存和发放

爆破器材的收存和发放是爆破器材管理的重要内容，是防止爆破器材丢失、被盗、变质和禁止使用变质爆破器材的手段，应由专人负责收存和发放。建立出入库检查、登记制度，收存和发放民用爆炸物品必须进行登记，做到账目清楚，账物相符。

5．乡镇小型企业爆破器材的储存与管理

我国的乡镇集体或民营小型企业，如煤窑、采矿点、采石场、金属非金属矿山等发展很快，而且分布很广，又多在交通不便的地区。这些小型企业使用爆破器材的特点是面大、点多、分散、用量少。在爆破器材的储存保管上，应相对集中，以保证不丢失、不被盗、不流散和发生事故后不会造成严重影响为原则。为此，要因地制宜，建立以下几种不同类型的专用库房或储存室。

（1）使用爆破器材集中的地区，可由爆破器材的供应部门设立地区性的商用专库，也可由乡、镇、村建立分库。

(2) 在小矿山集中地区，如果有大、中型企业，可以采取大矿带小矿的办法，由大、中型企业为小型企业代存爆破器材。

(3) 组织零散生产单位就近建立联合储存室储存爆破器材。

(4) 对于不便于集中储存的个别生产单位，也可以单独建立小型储存室。

另外，为加强民爆施工企业零散爆破器材的管理，我国部分地区建立了爆破器材集中配送制度。由有资质的专营公司为经过公安机关批准的爆破工地按其当天所申请的爆破器材种类和数量进行配送，并对当天未用完的爆破器材进行回收退库。为民爆施工企业零散爆破器材的管理开创了一条新的途径。

总之，不管采取何种储存保管形式，都必须设专人按照爆破器材管理的各项要求严格管理，不得将爆破器材乱存乱放。

四、爆破器材装卸作业安全要求

(1) 为了防止爆破器材在装卸过程中发生起火、爆破事故，或造成爆破器材丢失被盗，作业前要对装卸人员进行安全教育，规定注意事项，严格按照操作规程进行操作。装卸作业结束后，作业场所必须清理干净，不得遗留爆破器材。

(2) 严格按照安全操作规程装卸爆破器材，并在装卸现场设置警戒，禁止无关人员进入；装卸时严禁摩擦、撞击、抛掷、拖拉和翻转炸药箱；严禁雷管与炸药在同一地点同时装卸；装卸爆破器材时严禁吸烟和携带火种；遇雷雨或暴风雨时，禁止装卸爆破器材。

(3) 运输硝化甘油类炸药或雷管等感度高的爆破器材时，车厢的底部应铺软垫，其装运量不准超过运输工具额定载质量的三分之二，其他爆炸材料的装运量不准超过运输工具的额定载重量。

(4) 爆破器材的装载高度不准超过车厢边缘，雷管或硝化甘油类炸药的装载高度不得超过两层。分层装爆破器材时，不准站在下层堆（袋）上去装上一层。

(5) 胶质炸药与其他炸药、雷管与炸药不得同车运输。爆破器材和其他易燃易爆物品不得同车运输。

五、爆破器材运输安全要求

1. 一般要求

(1) 在厂矿外运输爆破器材，应携带公安部门核发的《民用爆炸物品运输许可证》。

(2) 运输爆破器材必须有押运人员，矿外运输要有武装警卫人员护送，除车上人员外，其他人员不得搭乘此车。

(3) 运输爆破器材的车辆必须性能良好，安全可靠，禁止翻斗车、自卸车、拖车等车辆运输爆破器材。出车前应仔细检查车况，清除车内的一切杂物。车上应配备灭火器材，并按照规定悬挂或者安装符合国家标准的易燃易爆危险物品警示标志；行驶时应当保持安全车速。

(4) 矿外运输爆破器材必须经公安部门同意，按照规定的路线行驶，途中经停应当有专人看守，并远离建筑设施和人口稠密的地方，不得在许可以外的地点经停。如果必须在晚间运输，要有足够的照明。

2. 人工搬运爆破器材

(1) 在夜间或井下搬运爆破器材，应随身携带完好的矿用蓄电池灯、安全灯或绝缘手电筒。

（2）不应一人同时携带雷管和炸药，炸药与雷管要分别放在两个专用背包（木箱）内，禁止将雷管装在衣袋内。领到爆破器材后，应直接运送到爆破地点，禁止乱丢乱放。不得提前班次领取爆破器材，不得携带爆破器材在人群聚集的地方停留。

（3）一人一次运送的爆破器材数量不得超过：

雷管	5 000 发
拆箱（袋）运搬炸药	20 kg
背运原包装炸药	一箱（袋）
挑运原包装炸药	二箱（袋）

3. 公路运输爆破器材

（1）公路运输爆破器材时，禁止使用翻斗车、自卸汽车、拖车、拖拉机、独轮车、自行车、摩托车、机动三轮车和电瓶车。

（2）同一车内装载的爆破器材要符合《爆破器材的允许共存范围》的规定。装有爆破器材的车辆不准同时搭载乘客。

（3）运输爆破器材的车辆必须按规定的路线行驶，装载爆破器材的车辆严禁穿越市中心区和人烟稠密地带。

（4）汽车运输爆破器材，出车前应认真检查车辆，并在出车单上注明“该车检查合格，准许用于运输爆破器材”，并选择具有安全驾驶经验的司机驾驶。行驶中，应保持中速行驶，在能见度良好时不超过 40 km/h；在扬尘、起雾、暴风雪等能见度低时时速减半。在平坦的道路上行驶时，两辆汽车的距离不小于 50 m；上山或下山时不小于 300 m。

（5）如果在斜坡道用汽车运输爆破器材，车头和车尾都要安装红色蓄电池灯作为危险标志，汽车的行车速度不应超过 10 km/h。

4. 矿区内和坑内铁路运输爆破器材

（1）运输爆破器材的列车前后应设有“危险”标志，要使用封闭型的专用车厢，而且车内要铺软垫。

（2）装有爆破器材的车厢严禁溜放；车厢的停车线路与其他线路隔开；通往该线路的转辙器应锁住，车辆必须楔牢，其前后 50 m 处设危险标志。装有爆破器材的车厢与机车之间、炸药车厢与雷管车厢应用空车隔开。行车速度不超过 2 m/s。电机车运输雷管时应采取可靠的绝缘措施。

5. 在竖井、斜井中提升爆破器材

（1）用罐笼运输硝铵炸药时，炸药在罐笼中堆放的高度，不得超过罐笼的三分之二。如果用车辆运送，装炸药的高度不得超过车箱边缘。运输雷管或胶质炸药时不超过两层，其层间须铺软垫。运输电雷管时，应采取绝缘措施防止杂散电流引爆雷管。爆破器材到井口后应马上运走，不要在井口房、井底车场停留。

（2）在竖井、斜井中提升爆破器材，应事先通知卷扬司机和信号工，严禁在上下班或人员集中的时间内运输爆破器材。提升爆破器材的罐笼，除爆破人员和信号工、爆破安全管理人员外，其他人员不得同罐乘坐。

（3）运送爆破器材升降速度不能太快，用吊桶或斜坡卷扬运输速度不得超过 1 m/s，罐笼的升降速度应不超过 2 m/s。

6. 爆破作业地点爆破器材的临时存放

（1）运至爆破作业地点的爆破器材，应有专人看管，临时存放点应当具备安全存放条件。

（2）爆破作业地点只应存放当班作业所需的爆破器材；大型爆

破，可存放本次爆破所需的爆破器材；雷管和起爆体不应和炸药存放在一起。

第二节　尾矿库安全

一、尾矿库安全管理的重要性

金属或非金属矿山开采出的矿石，经选矿厂选出有价值的精矿，剩下沙一样的“废渣”，称为尾矿。这些尾矿不仅数量大（每年以亿吨计），有些还含有暂时不能回收的有用成分，如随意排放，就会造成资源的流失，更主要的是会大面积覆没农田，淤塞河道，造成严重的环境污染，因此必须妥善处理。

尾矿库即为矿山堆存尾矿的设施。

尾矿库既是重要的生产设施，也是重要的安全环保设施。尾矿库是一个具有高势能的人造泥石流危险源，由于尾矿库内堆储大量的尾矿砂和尾矿水，并且在汛期还要拦蓄洪水，一旦发生溃坝事故，将可能导致重大人员伤亡、财产损失和严重的生态破坏。因此，对于尾矿库安全管理工作必须高度重视。将尾矿妥善储存在尾矿库内，可防止尾矿及尾矿水中含有的药剂外溢污染环境；还可以将选矿用的大量的水重复利用，可节约水资源；可在条件成熟时，对尾矿中的有用成分进行回收利用，起到保护矿产资源的作用。

二、尾矿库

1. 尾矿设施

将选矿厂排出的尾矿送往指定地点堆存或利用的技术叫作尾矿处理。为尾矿处理所建造的构筑物称为尾矿设施。尾矿设施通常由尾矿水力输送系统、尾矿堆存系统、尾矿回水系统和尾矿水处理系统四部分组成。

2. 尾矿库

尾矿库是指筑坝拦截谷口或围地构成的，用以堆存金属或非金属矿山进行矿石选别后排出尾矿或其他工业废渣的场所。

尾矿库有山谷型、傍山型、平地型、截河型四种类型。

（1）山谷型尾矿库。山谷型尾矿库是在山谷谷口处筑坝形成的尾矿库。

（2）傍山型尾矿库。傍山型尾矿库是在山坡脚下依山筑坝所围成的尾矿库。

（3）平地型尾矿库。平地型尾矿库是在平地四面筑坝围成的尾矿库。

（4）截河型尾矿库。截河型尾矿库是截取一段河床，在其上、下游两端分别筑坝形成的尾矿库。

一般来说，尾矿库的库容越大，坝高越高，其失事后对下游可能造成的灾害就越大，因而其重要性也就越大。尾矿库的级别是根据尾矿库的坝高和全库容来确定的，见表6—1。

表6—1　　尾矿库级别划分表

尾矿库级别	全库容 V（万 m^3）	坝高 H（m）
一	二等库提高级别条件者	
二	$V \geqslant 10\,000$	$H \geqslant 100$
三	$1\,000 \leqslant V < 10\,000$	$60 \leqslant H < 100$
四	$100 \leqslant V < 1\,000$	$30 \leqslant H < 60$
五	$V < 100$	$H < 30$

首先按照表6—1，根据尾矿库的全库容和坝高分别来确定尾矿库的级别。当用尾矿库的坝高和库容分别确定的级别相差一级时，尾矿库的级别应按高的确定；当级差大于一级时，应按高的降一级确定；另外，如果尾矿库失事会使下游城镇、工矿企业或重要铁路干线遭受严重灾害者，尾矿库级别要提高一级。

3．尾矿坝

尾矿坝是尾矿库用来储存尾矿和水的围护构筑物。尾矿坝筑坝材料多为选矿厂排出的尾矿浆，其粒度细，坝体内含大量的水，易发生尾矿坝滑坡、坝趾的渗流、管涌、流土及饱和尾矿的地震液化等事故。因此，尾矿坝在构造上既要透水，又不能漏出矿浆或发生管涌现象。

尾矿坝由初期坝（又称基础坝）和后期坝（又称尾矿堆积坝）组成，如图6—1所示。尾矿初期坝建成后，尾矿坝堆筑是逐日逐月逐年堆积起来的，并越积越大。

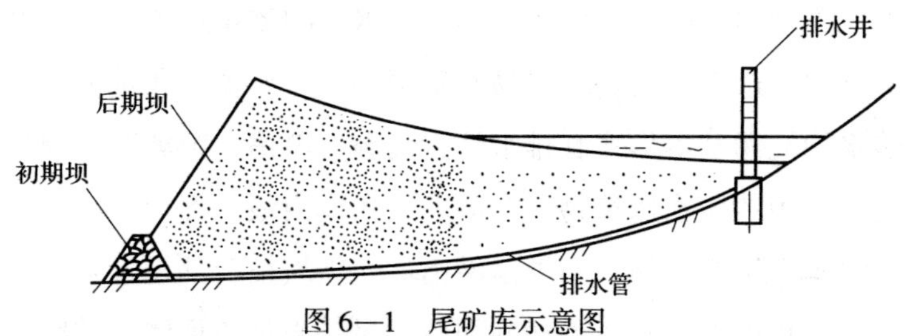

图6—1　尾矿库示意图

(1) 初期坝是指在尾矿库基建期间，在尾矿坝趾上用土、石等材料堆筑而成的坝体。初期坝根据筑坝材料常采用如下类型：均质土坝、透水堆石坝、废石坝、砌石坝、混凝土坝等坝型。

(2) 后期坝是指选矿厂投产后，在生产过程中随着尾矿不断排入尾矿库，在初期坝坝顶上用尾沙逐层加高筑成的小坝体称之为子坝。子坝用于形成新的库容，并在其上敷设放矿主管和放矿支管，以便继续向库内排放尾矿。子坝连同子坝前的尾矿沉积体统称为后期坝(也称尾矿堆积坝)。根据其筑坝方式，后期坝可分为上游式尾矿坝、下游式尾矿坝、中线式尾矿坝、浓缩锥式尾矿坝等几种基本类型。

4．尾矿库排水、排洪构筑物

为了及时排除库内暴雨积水，回收库内尾矿澄清水，需设置尾矿库内排水、排洪构筑物。通常由进水构筑物和输水构筑物两部分组成。尾矿坝下游坡面的洪水由排水沟排除。进水构筑物基本形式有排水井、排水斜槽、溢洪道以及山坡截洪沟等。排水井是最常用的进水构筑物，有窗口式、框架式、井圈叠装式（叠圈式）和砌块式等形式。排水斜槽既是进水构筑物，又是输水构筑物，随着库水位的升高，进水口的位置不断向上移动。排水斜槽没有复杂的排水井，但进水量小，一般在排洪量较小时采用。溢洪道常用于一次性建坝的尾矿库，其位于坝顶一端的山坡上，形式与水库的溢洪道类似。山坡截洪沟可沿全沟长进水，在陡坡处易遭暴雨冲毁，维护工作量大。

输水构筑物基本形式有排水管、隧洞、斜槽、山坡截洪沟等。排水管是最常用的输水构筑物，一般埋设在库内最底部。

坝坡排水沟有两类：一类是沿山坡与坝坡结合部设置浆砌块石截水沟，以防止山坡暴雨汇流冲刷坝肩。另一类是在坝体下游坡面设置纵横排水沟，将坝面的雨水导流排出坝外，以免雨水滞留在坝面造成坝面拉沟，影响坝体安全。

5．尾矿库排渗设施

尾矿库是由大量的尾砂和水的集合体组成，尾矿颗粒之间有大量的孔隙，孔隙中充满了水。尾矿水在坝体、坝肩和坝基土中受重力作用总是由高处向低处渗透流动，简称渗流。尾矿坝的渗流作用会破坏坝体的稳定性，出现管涌、流土、局部塌陷、坝面沼泽化甚至滑坡等事故，严重者能够导致尾矿坝垮坝事故。一般来说，渗流对边坡稳定性的影响很大，干燥边坡的稳定性比有渗流的边坡的稳定性要大。因此，尾矿坝的渗流是影响尾矿库安全运行极为重要的因素之一，“尾矿坝的浸润线是尾矿库的生命线”的说法从某种意义上反映出渗流对尾矿库安全的影响。

为了保证坝体的稳定性，必须采取排渗措施，将坝体中的渗透水排至坝体外，降低坝体中的浸润线。排渗设施包括初期坝排渗设施和后期坝排渗设施。初期坝排渗一般分为不透水坝排渗和透水坝排渗。不透水坝排渗一般设有反滤层和导水管及排渗棱体；透水坝排渗主要设有反滤层。早期反滤层采用沙砾石级配设置，现在多采用土工布。

后期坝排渗设施的主要形式：

(1) 水平排渗设施，有水平盲管、沟（辐射式）排渗设施两种方式。

(2) 垂直排渗设施，有管井排渗设施、倒虹吸排渗设施、轻型井点排渗设施、垂直自流排渗设施四种方式。

(3) 水平、垂直联合排渗设施。该排渗方式结合了垂直排渗和水平排渗的优点，采用了自流管道连续将管井内的渗流水抽排出去。适用于降水深度大、排渗广的坝体排渗工程。

三、尾矿库运行及安全管理

1. 尾矿库安全管理

尾矿库的安全问题至关重要，造成尾矿库溃坝的原因是多方面的，最根本的原因是管理不善（包括尾矿库的设计管理和运行管理）。因此，加强尾矿库及坝体的安全管理，是确保尾矿库安全的关键。

（1）尾矿库的维护管理要求。加强尾矿库的维护管理，就是经常保持尾矿库有必要的储存容积，保证尾矿砂的堆积和尾矿水的澄清，确保坝体的稳定性，严防倒坝、坍塌、陷落事故的发生。避免尾矿事故的危害，要遵守下列规定：

1）建立健全尾矿设施安全管理规章制度，设置专门的机构和人员负责尾矿库安全管理，尾矿作业人员应经培训考试合格，取得特种作业人员操作资格证，方可上岗。

2）编制年、季作业计划和详细运行图表，统筹安排，实施尾矿输送、分级、筑坝和排洪的管理工作。

3）严格按照《尾矿库安全技术规程》《尾矿库安全监督管理规定》和设计文件的要求，做好尾矿库放矿筑坝、回水排水、防汛、抗震等安全生产管理。

4）要加强对尾矿库的安全检查、监测，发现异常情况，及时报告处理。汛期、暴雨后、地震后要加强检查。车间、工段应经常对尾矿库及其设施的安全状况进行检查，矿山每季应检查 1～2 次，雨季及暴雨时，矿、车间负责人必须坚守岗位，进行特别检查。

5）应编制尾矿坝溃坝、洪水漫顶、水位超警戒线、排洪设施损坏和堵塞等事故的应急救援预案，并定期组织演练。

6）做好有关尾矿库的技术档案资料的建立和管理工作。

（2）尾矿排放与筑坝

1）尾矿坝滩顶高程必须满足生产、防汛、冬季冰下放矿和回水的要求。

2）尾矿筑坝必须有足够的安全超高、沉积干滩长度和下游坝面坡度。

3）每一期筑坝冲填作业之前，必须进行岸坡处理。岸坡处理应做隐蔽工程记录，如遇泉眼、水井、地道或洞穴等，要采取有效措施进行处理，经主管技术人员检查合格后方可冲填筑坝。

4）上游式尾矿筑坝法，应于坝前均匀分散放矿，修子坝或移动放矿管时除外，不得任意从库后或库侧放矿。同时满足以下要求：粗颗粒尾矿沉积于坝前，细颗粒排至库内，在沉积滩范围内不允许有大面积矿泥沉积；沉积滩顶应均匀平整；沉积滩坡度及长度等应符合设计的要求；严禁矿浆沿子坝内坡横向流动冲刷坝体；放矿矿浆不得冲刷坝坡；放矿应有专人管理。

5）坝体较长时应采用分段交替放矿作业，使坝体均匀上升，应避免滩面出现侧坡、扇形坡或细颗粒尾矿大量集中沉积于一端或一侧。

6）放矿口的间距、位置、同时开放的数量、放矿时间以及水力旋流器使用台数、移动周期与距离，应按设计要求或作业计划进行操作。分散放矿支管、导流槽伸入库内的长度和距滩面的高度应符合设计要求。

7）为保护初期坝的反滤层免受尾矿水冲刷，应采用多管小流量的放矿方式，以利尽快形成滩面，并采用导流槽或软管将矿浆引至远离坝顶处排放。

8）冰冻期、事故期或由某种原因确需长期集中放矿时，不得出现影响后续堆积坝体稳定的不利因素。

9）岩溶发育地区的尾矿库，应加强周边放矿，以加速形成防渗层，减少渗漏和落水洞事故。

10）每期子坝堆筑完毕，应进行质量检查，检查记录需经主管技术人员签字后存档备查。

11）尾矿滩面及下游坝坡面上不得有积水坑。

12）坝外坡面维护工作可视具体情况选用以下措施：坝面修筑人字沟或网状排水沟；坡面植草或灌木类植物；采用碎石、废石或山坡土覆盖坝坡。

13）严禁矿浆冲刷子坝内坡，严禁独头放矿。

（3）尾矿库水位控制与防汛

1）控制尾矿库水位应遵循的原则：在满足回水水质和水量要求前提下，尽量降低库水位；当回水与坝体安全对滩长和超高的要求有矛盾时，应确保坝体安全；水边线应与坝轴线基本保持平行。尾矿库实际情况与设计要求不符时，应在汛期前进行调洪演算。

2）汛期前应采取下列措施做好防汛工作：明确防汛安全生产责任制，建立值班、巡查和下游居民撤离方案等各项制度，组建防洪抢险队伍；疏浚库内截洪沟、坝面排水沟及下游排洪河（渠）道；详细检查排洪系统及坝体的安全情况，要根据实际条件确定排洪口底坎高程，将排洪口底坎以上 1.5 倍调洪高度内的堵板全部打开，清除排洪口前水面漂浮物，确保排洪设施畅通；库内设清晰醒目的水位观测标尺，标明正常运行水位和警戒水位；备足抗洪抢险所需物资，落实应急救援措施；及时了解和掌握汛期水情和气象预报情况，确保上坝道路、通信、供电及照明线路可靠和畅通。

3）排除库内蓄水或大幅度降低库水位时，应注意控制流量，非紧急情况不宜骤降。

4）岩溶或裂隙发育地区的尾矿库，应控制库内水深，防止落水洞漏水事故。

5）未经技术论证，不得用常规子坝拦洪。

6）洪水过后应对坝体和排洪构筑物进行全面认真的检查与清理。发现问题应及时修复，同时，采取措施降低库水位，防止连续暴雨后发生垮坝事故。

7）不得在尾矿滩面或坝肩设置泄洪口。有地形条件的尾矿库，可设置非常排洪通道。

8）尾矿库排水构筑物停用后的封堵，必须严格按设计要求施工，并确保施工质量。一般情况下，必须在井内井座顶部封堵或在隧洞支洞处封堵，严禁在排水井井筒上部封堵。

9）严禁在非尾矿堆坝区排放尾矿，以防占用必要的调洪库容。

10）尾矿坝下游坡面上的排水沟除了要经常疏通外，还要将坝面的积水坑填平，让雨水顺利流入排水沟。

11）要及时调整汛期洪水深度和超高度，保证坝顶有足够的安全超高及滩面安全坡度长度。

（4）排渗设施管理与渗流控制

1）尾矿坝的排渗设施包括排渗棱体、排渗褥垫、排渗盲沟和各种排渗井等。在尾矿坝运行过程中如需增设或更新排渗设施，应经技术论证，并经企业安全管理部门批准。

2）排渗设施属隐蔽工程，必须按设计要求精心选料、精心施工，详细填写隐蔽工程施工验收记录，并绘制竣工图。排渗设施的施工可参照《碾压式土石坝施工技术规范》执行。

3）坝肩、盲沟等应严格按设计要求施工，防止发生集中渗流。

4）尾矿库运行期间应加强观测，注意坝体浸润线出溢点的变化情况和分布状态，严格按设计要求控制。

5）当发现坝面局部隆起、塌陷、流土、管涌、渗水量增大或渗水变浑等异常情况时，应立即采取措施进行处理并加强观察，同时报告企业安全管理部门，情况严重的，应报当地安全生产监管部门。

（5）尾矿库防震与抗震

1）处于地震区的尾矿库，应制订相应的防震和抗震的应急计划，内容包括：抢险组织与职责；尾矿库防震和抗震措施；防震和抗震的物资保障；尾矿坝下游居民的防震应急避险预案；震前值班、巡坝制度等。

2）尾矿库原设计抗震标准低于现行标准时，必须进行加固处理。

3）严格控制库水位，确保抗震设计要求的安全滩长满足地震条件下坝体稳定的要求。

4）上游建有尾矿库、排土场、水库等工程设施的，应了解上游所建设施的稳定情况，必要时应采取防范措施。

5）地震后，必须对尾矿库进行巡查和检测，及时修复和加固破坏部分，确保尾矿库运行安全。

2. 尾矿坝的维护

尾矿坝多远离矿区，易受自然的、社会的多种不利因素的影响，其管理工作较为复杂，且难度较大。在尾矿坝的维护管理中，首先要严格按设计要求及有关的技术规程、规范的规定进行管理，确保尾矿坝安全运行所必需的尾矿沉积滩长度、坝体安全超高，控制好浸润线，根据各种不同类型尾矿坝特点做好维护工作，防止环境因素的危害，及时处理好坝体出现的隐患，使尾矿坝在正常状态下运行。

（1）初期坝的管理和维护

初期坝的内坡一般不设护面，但为防止投产初期放矿时在坝面上冲成水沟，可采用适当措施，如将坝上分散管延长等。对于坝顶和外坡，应采用下列措施护面：

1）铺盖0.1～0.15 m的密实砾石、碎石或块石。

2）种植草皮等植被。

3）在坝肩与坡脚设截水沟或排水沟。

4）为了排除雨水，下游坡的马道坡横向、纵向都应有一定的坡度。

5）定期检查初期坝下游的排渗水情况，并做好记录，发现异常及时向上级汇报。

（2）后期堆积坝的管理与维护

1）尾矿库使用初期应做好后期堆积坝的长远规划。

2）尾矿堆筑的子坝，不得作为抗洪挡水堤坝使用。

3）坝面设置排水沟，将汇水、渗水及时排出。

4）控制后期坝的平均外坡坡度。经过稳定性计算和长期生产实践证明：平均外坡坡度在1∶4～1∶6之间比较合理，尾矿水才不易从坝面溢出、产生管涌和坝体液化。

5）做好坝的植被工作，防止雨水对坝体的冲刷和破坏。

6）尾矿坝堆筑至一半和三分之二时，必须进行抗洪和安全稳定性评价，总结以前生产实践，指导后期生产和闭库工作，对稳定性差的尾矿坝进行加固。

7）尾矿筑坝达到设计最终标高后，未经设计和进行专业鉴定、稳定性评价，不得擅自加高和使用已期满的尾矿库。闭库前必须做好闭库设计。

（3）尾矿坝正常运行管理

1）确保坝前干滩长度。坝前干滩要规则平整，坡度、长度应达到设计要求和足够的抗剪强度；尾矿在坝前能按粗、中、细的沉积规律依次沉积，矿泥则在库内澄清区沉积。坝前干滩是降低坝体浸润线，提高尾矿坝安全稳定性的重要条件。沉积滩越长，意味着上游的入渗水头越低，相应的坝体浸润线也低，安全系数也就越高。在生产中，尽可能使尾矿在坝前一定范围内分层分带合理沉积，切忌为了存水，任意减少沉积滩长度。

2）确保坝体安全超高。不能用调洪高度代替安全超高。在生产实践中不允许占用安全超高来储存尾矿和水；如果安全超高得不到保证，当遇到超标洪水时，就会没有缓冲余地，酿成垮坝事故。

3）严格控制坝体浸润线。浸润线的高低是坝体安全的重要标志，也是防止震动液化的根本措施。控制坝体浸润线，使坝面下有足够的非饱和尾矿的覆盖层，这是防止因渗透失控而导致坝体破坏，提高坝体稳定性的最有效措施。在坝高等条件不变的情况下，浸润线位置相差 1 m，坝体安全系数相差 0. 03 ~0. 05，因此，必须严格按设计要求控制浸润线位置。

4）设置尾矿坝安全保护区。严禁在尾矿坝的安全保护区内爆破、采石、采矿、挖土、打井；坝顶、坝坡、栈台上除堆置放矿管外，不得堆放矿石和其他物料，更不能利用排水沟堆置物料；不得在坝顶、坝坡上修筑渠道、敷设水管；坝面、坝坡前干滩上禁止种植农作物、放牧等。

四、尾矿库常见事故及应急处置措施

尾矿库从勘察、设计、施工到使用的全过程中，任何一个环节出现问题，都可能导致尾矿库不能正常使用。其中由于生产管理不善、操作不当或外界环境因素干扰造成的事故比较容易检查发现，而勘察、设计、施工或其他原因造成的隐患，在使用初期不易显现出来。因此，必须严格设计、严格施工，各个环节严格把关，消除各种事故隐患。生产运行过程中要严格检查，及时发现各种事故及隐患，将事故消除在萌芽状态。

尾矿库常见事故及隐患有尾矿坝裂缝、坝体滑坡、管涌、漏沙及洪水漫顶等，其应急处置措施如下。

1．尾矿坝裂缝的处理

裂缝是一种尾矿坝较为常见的病患，有些裂缝宽度可达数十厘米，长度可达数十米，甚至更长，深度有的深达坝基，这对坝体的安全影响重大。某些细小的横向裂缝有可能发展成为坝体的集中渗漏通道，有的纵向裂缝也可能是坝体发生滑坡的预兆，所以应给予充分重视。

发现裂缝后应采取临时防护措施，以防止雨水或冰冻加剧裂缝的发展。对于滑动性裂缝的处理，应结合坝坡稳定性分析统一考虑。对于非滑动性、不太深的表层裂缝及防渗部位的裂缝，可采用开挖回填的方法进行处理；对坝内裂缝、非滑动性很深的表面裂缝，可采取灌浆处理。

2．尾矿坝滑坡的处理

尾矿坝滑坡往往导致尾矿库溃决事故，因此，即使是较小的滑坡也不能掉以轻心。有些滑坡是突然发生的，有些是先由裂缝开始的，如不及时注意，任其逐步扩大和蔓延，就可能造成重大的垮坝事故。

防止滑坡的发生应尽可能消除促成滑坡的因素。注意做好经常性的维护工作，防止或减轻外界因素对坝坡稳定的影响。当发现有滑坡征兆或有滑动趋势但尚未坍塌时，应及时采取有效措施进行抢护，防止险情恶化；一旦发生滑坡，则应采取可靠的处理措施，恢复并补强坝坡，提高抗滑能力。抢护中应特别注意安全问题。

滑坡抢护的基本原则是：上部减载，下部压重，即在主裂缝部位进行削坡，而在坝脚部位进行压坡。尽可能降低库水位，沿滑动体和附近的坡面上开沟导渗，使渗透水能够很快排出。若滑动裂缝达到坝脚，应该首先采取压重固脚的措施。因土坝渗漏而引起的背水坡滑坡，应同时在迎水坡进行抛土防渗。

因坝身填土碾压不实，浸润线过高而造成的背水坡滑坡，一般应以上游防渗为主，辅以下游压坡、导渗和放缓坝坡，以达到稳定坝坡的目的。对于滑坡体上部已松动的土体，应彻底挖除，然后按坝坡线分层回填夯实，并做好护坡。

坝体有软弱夹层或抗剪强度较低且背水坡较陡而造成的滑坡，首先应降低库水位，如清除夹层有困难时，则以放缓坝坡为主，辅以在坝脚排水压重的方法处理。地基存在淤泥层、湿陷性黄土层或液化等不良地质条件，施工时又没有清除或清除不彻底而引起的滑坡，处理的重点是清除不良的地质条件，并进行固脚防滑。因排水设施堵塞而引起的背水坡滑坡，主要是恢复排水设施效能，筑压重台固脚。

3．尾矿坝管涌的处理

管涌是尾矿坝坝基在较大渗透压力作用下而产生的险情，可采用降低内外水头差，减少渗透压力或用滤料导渗等措施进行处理。

(1) 在地基好、管涌影响范围不大的情况下可抢筑滤水围井。

(2) 险情面积较大，地形适合而附近又有土料时，可在其周围填筑土埂或用土工织物包裹，以形成水池，蓄存渗水，利用池内水位升高，减少内外水头差，控制险情发展。

(3) 若坝后渊塘、积水坑、渠道、河床内积水水位较低，且发现水中有不断翻花或间断翻花等管涌现象时，可采用堂内压渗方法进行处理。

(4) 如堤坝后严重渗水，采用一些临时防护措施尚不能改善险情时，宜降低库内的水位，以减少渗透压力，使险情不至迅速恶化，但应控制水位下降速度。

4. 尾矿坝漏沙的处理

新建的尾矿坝在使用的初期，往往会在初期坝脚附近泄漏尾沙，有的漏沙由排水涵洞口随回水流走，时间一长，将导致后期坝的外坡面或在沉积滩面出现大大小小的塌陷坑洞，严重威胁坝体安全。

当矿浆淹没漏沙点不久就出现时，应暂停排矿，找出漏沙点仔细处理好即可。当坝坡或沉降滩面出现塌陷时，可用土工布袋装粗沙和碎石混合料堆放在塌陷坑内，自行下沉，直至自然堵塞漏沙点。

如果漏沙量较大，上述简易方法无效时，可采取反滤井法、蓄水减渗法处理。

5. 防洪水漫顶的措施

尾矿坝多为散粒结构，如果洪水漫顶就会迅速冲出决口，造成溃坝事故。当排水设施已全部使用，水位仍继续上升，根据水情预报可能出现险情时，应抢筑子堤，增加挡水高度。在堤顶不宽、土质较差的情况下，可用土袋抢筑子堤。

在缺土、浪大、堤顶较窄的场合下，可采用单层木板。当出现超过设计标准的特大洪水时，应在抢筑子堤的同时，报请上级批准，采取非常措施加强排洪，降低库水位。如选定单薄山脊或基岩较好的副坝炸出缺口排洪，开放上游河道预先选定的分洪口分洪或打开排水井正常水位以下的多层窗口加大排水能力，以确保主坝体的安全。严禁任意在主坝坝顶上开沟泄洪。

第七章 矿山职业卫生

第一节　职业卫生主要法律法规

党中央、国务院高度重视职业危害防治工作。新中国成立以来，我国陆续颁布实施了一系列法律、行政法规和部门规章，如《职业病防治法》《中华人民共和国尘肺病防治条例》《使用有毒物品作业场所劳动保护条例》《工作场所职业卫生监督管理规定》等，有关标准也日渐完善。职业危害防控工作不断加强，为保护劳动者的生命健康权益提供了法律保障。

我国职业卫生法规标准体系包括法律、行政法规、地方性法规、部门规章、规范性文件和标准。

一、法律

《中华人民共和国职业病防治法》（以下简称《职业病防治法》）2001 年 10 月 27 日第九届全国人民代表大会常务委员会第二十四次会议通过，根据 2011 年 12 月 31 日第十一届全国人民代表大会常务委员会第二十四次会议《关于修改〈中华人民共和国职业病防治法〉的决定》修正。《职业病防治法》为职业卫生领域的最高普通法，明确了“保障劳动者健康权益”这一立法基本宗旨和“预防为主、防治结合”的基本工作方针。《职业病防治法》共七章90条，分总则、前期预防、劳动过程中的防护与管理、职业病诊断与职业病病人保障、监督检查、法律责任和附则。

二、行政法规

1.《中华人民共和国尘肺病防治条例》（国发〔1987〕105号）1987年12月由国务院发布，目的是“保护职工健康，消除粉尘危害，防止发生尘肺病，促进生产发展”。分总则、防尘、监督和监测、健康管理、奖励和处罚、附则六章，共28条。对企业的防尘责任、防尘投入、禁止危害转嫁、建设项目防尘工作“三同时”、接尘工人的健康体检和职业病诊疗等进行了规定。

2.《使用有毒物品作业场所劳动保护条例》（国务院令第352号）2002年5月由国务院发布，目的是“保证作业场所安全使用有毒物品，预防、控制和消除职业中毒危害，保护劳动者的生命安全、身体健康及其相关权益”，共八章71条，基本架构同《职业病防治法》，对一些具体事项进行了详细规定。

3.《放射性同位素与射线装置安全和防护条例》（国务院令第449号）2005年8月由国务院发布，目的是“加强对放射性同位素、射线装置安全和防护的监督管理，促进放射性同位素、射线装置的安全应用，保障人体健康，保护环境”，共七章69条。

三、部门规章

主要的部门规章有国家安全生产监督管理总局制定实施的《工作场所职业卫生监督管理规定》（安监总局令第47号）、《职业病危害项目申报办法》（安监总局令第48号）、《用人单位职业健康监护监督管理办法》（安监总局令第49号）、《职业卫生技术服务机构监督管理暂行办法》（安监总局令第50号）、《建设项目职业卫生“三同时”监督管理暂行办法》（安监总局令第51号）等。

四、规范性文件

指国务院、国家安全生产监督管理总局、国家卫生计生委等制定的规范职业卫生工作的政策文件。主要有《国务院关于加强放射性同位素和射线装置放射防护管理工作的通知》（国发〔1987〕13号）、《关于印发防暑降温措施管理办法的通知》（安监总安健〔2012〕89号）、《关于印发〈职业病危害因素分类目录〉的通知》（国卫疾控发〔2015〕92号）、《国家安全监管总局办公厅关于加强用人单位职业卫生培训工作的通知》（安监总厅安健〔2015〕121号）、《关于加强农民工尘肺病防治工作的意见》（国卫疾控发〔2016〕2号）等。

五、职业卫生标准

《中华人民共和国标准化法》规定，在工业产品的生产、储藏以及运输过程中必须按照安全卫生要求制定标准。依据该法，标准分为国家标准、部门标准、地方标准、企业标准4类，目前涉及职业卫生标准的部门标准包括卫生（WS）标准和安全（AQ）标准。依据《职业病防治法》，国家卫生计生委于2002年制定《国家职业卫生标准管理办法》，提出了国家职业卫生标准（GBZ）及其分类，包括职业卫生专业基础标准、工作场所作业条件卫生标准、职业接触限值标准、职业病诊断标准、职业照射放射防护标准、职业防护用品卫生标准、职业性危害因素检测检验方法标准等几类。主要的职业卫生标准有：

（1）《个体防护装备选用规范》（GB/T 11651—2008）

（2）《粉尘作业场所危害程度分级》（GB/T 5817—2009）

（3）《工业企业设计卫生标准》（GBZ 1—2010）

（4）《工作场所有害因素职业接触限值　第1部分：化学有害因素》（GBZ 2.1—2007）

（5）《工作场所有害因素职业接触限值　第2部分：物理因素》（GBZ 2.2—2007）

（6）《矿山个体呼吸性粉尘测定方法》（AQ 4205—2008）

（7）《职业病危害评价通则》（AQ/T 8008—2013）

（8）《建设项目职业病危害预评价导则》（AQ/T 8009—2013）

（9）《建设项目职业病防护设施设计专篇编制导则》（AQ/T 4233—2013）

（10）《建设项目职业病危害控制效果评价导则》（AQ/T 8010—2013）

第二节　职业卫生管理

一、职业卫生管理制度

矿山企业职业卫生管理制度，是指为贯彻落实《职业病防治法》《矿山安全法》及其他安全生产法律、法规、标准，保障矿山职工在生产过程中预防、控制和消除职业病危害，防治职业病，保护劳动者健康及其相关权益，制定的各种职业卫生管理规章制度。它们是矿山职业卫生工作的基本准则。

《工作场所职业卫生监督管理规定》（安监总局令第47号）第十一条要求，存在职业病危害的用人单位应当制订职业病危害防治计划和实施方案，建立、健全下列职业卫生管理制度和操作规程：

1. 职业病危害防治责任制度
2. 职业病危害警示与告知制度
3. 职业病危害项目申报制度
4. 职业病防治宣传教育培训制度
5. 职业病防护设施维护检修制度
6. 职业病防护用品管理制度
7. 职业病危害监测及评价管理制度
8. 建设项目职业卫生“三同时”管理制度
9. 劳动者职业健康监护及其档案管理制度
10. 职业病危害事故处置与报告制度
11. 职业病危害应急救援与管理制度
12. 岗位职业卫生操作规程
13. 法律、法规、规章规定的其他职业病防治制度

二、建设项目职业卫生“三同时”管理

根据国家安全生产监督管理总局《建设项目职业卫生“三同时”监督管理暂行办法》（安监总局令第51号）要求，建设项目职业病防护设施必须与主体工程同时设计、同时施工、同时投入生产和使用（以下简称职业卫生“三同时”）。职业病防护设施所需费用应当纳入建设项目工程预算。建设项目职业卫生“三同时”工作可以与安全设施“三同时”工作一并进行。

1. 备案、审核、审查和竣工验收的要求

建设单位对可能产生职业病危害的建设项目，应当向安全生产监督管理部门申请职业卫生“三同时”的备案、审核、审查和竣工

验收。

国家根据建设项目可能产生职业病危害的风险程度，按照下列规定对其实行分类监督管理：

（1）职业病危害一般的建设项目，其职业病危害预评价报告应当向安全生产监督管理部门备案，职业病防护设施由建设单位自行组织竣工验收，并将验收情况报安全生产监督管理部门备案。

（2）职业病危害较重的建设项目，其职业病危害预评价报告应当报安全生产监督管理部门审核；职业病防护设施竣工后，由安全生产监督管理部门组织验收。

（3）职业病危害严重的建设项目，其职业病危害预评价报告应当报安全生产监督管理部门审核，职业病防护设施设计应当报安全生产监督管理部门审查，职业病防护设施竣工后，由安全生产监督管理部门组织验收。

职业卫生“三同时”的审核、审查和竣工验收应当聘请专家库专家参与相关工作。专家库专家应当熟悉职业病危害防治的有关法律法规，具有较高的专业技术水平、实践经验和有关业务背景及良好的职业道德，按照客观、公正的原则，对所参与的项目提出审查意见，并对该意见负责。

2. 职业病危害预评价

职业危害评价是依据国家有关法律、法规和职业卫生标准，对生产经营单位生产过程中产生的职业危害因素进行接触评价，对生产经营单位采取预防控制措施进行效果评价；同时也为作业场所职业卫生监督管理提供技术数据。

对可能产生职业病危害的建设项目，建设单位应当在建设项目可行性论证阶段委托具有相应资质的职业卫生技术服务机构进行职业病危害预评价，编制预评价报告。

建设项目职业病危害预评价报告应当包括下列主要内容：

（1）建设项目概况。

（2）建设项目可能产生的职业病危害因素及其对劳动者健康危害程度的分析和评价。

（3）建设项目职业病危害的类型分析。

（4）对建设项目拟采取的职业病防护设施的技术分析和评价。

（5）职业卫生管理机构设置和职业卫生管理人员配置及有关制度建设的建议。

（6）对建设项目职业病防护措施的建议。

（7）职业病危害预评价的结论。

3．职业病防护设施设计

存在职业病危害的建设项目，建设单位应当委托具有相应资质的设计单位编制职业病防护设施设计专篇。

建设项目职业病防护设施设计专篇应当包括下列内容：

（1）设计的依据。

（2）建设项目概述。

（3）建设项目产生或者可能产生的职业病危害因素的种类、来源、理化性质、毒理特征、浓度、强度、分布、接触人数及水平、潜在危害性和发生职业病的危险程度分析。

（4）职业病防护设施和有关防控措施及其控制性能。

（5）辅助用室及卫生设施的设置情况。

（6）职业病防治管理措施。

(7) 对预评价报告中职业病危害控制措施、防治对策及建议采纳情况的说明。

(8) 职业病防护设施投资预算。

(9) 可能出现的职业病危害事故的预防及应急措施。

(10) 可能达到的预期效果及评价。

4. 职业病危害控制效果评价与防护设施竣工验收

建设项目职业病防护设施应当由取得相应资质的施工单位负责施工，并与建设项目主体工程同时进行。施工单位应当按照职业病防护设施设计和有关施工技术标准、规范进行施工，并对职业病防护设施的工程质量负责。工程监理单位、监理人员应当按照法律法规和工程建设强制性标准，对职业病防护设施施工工程实施监理，并对职业病防护设施的工程质量承担监理责任。

建设项目完工后，需要进行试运行的，其配套建设的职业病防护设施必须与主体工程同时投入试运行。建设项目试运行期间，建设单位应当对职业病防护设施运行的情况和工作场所的职业病危害因素进行监测，并委托具有相应资质的职业卫生技术服务机构进行职业病危害控制效果评价。建设项目没有进行试运行的，应当在其完工后委托具有相应资质的职业卫生技术服务机构进行职业病危害控制效果评价。建设单位应当为评价活动提供符合检测、评价标准和要求的受检场所、设备和设施。建设单位在职业病危害控制效果评价报告编制完成后，应当组织有关职业卫生专家对职业病危害控制效果评价报告进行评审。

三、职业健康体检

根据国家安全生产监督管理总局《用人单位职业健康监护监督

管理办法》（安监总局令第 49 号）要求，用人单位应当组织劳动者进行职业健康检查，并承担职业健康检查费用。劳动者接受职业健康检查应当视同正常出勤。

1．上岗前职业健康检查

用人单位不得安排未经上岗前职业健康检查的劳动者从事接触职业病危害的作业，不得安排有职业禁忌的劳动者从事其所禁忌的作业。用人单位应当对下列劳动者进行上岗前的职业健康检查：

（1）拟从事接触职业病危害作业的新录用劳动者，包括转岗到该作业岗位的劳动者。

（2）拟从事有特殊健康要求作业的劳动者。

2．在岗期间职业健康检查

对在岗期间的职业健康检查，应当按照《职业健康监护技术规范》（GBZ 188—2014）等国家职业卫生标准的规定和要求，确定接触职业病危害的劳动者的检查项目和检查周期。需要复查的，应当根据复查要求增加相应的检查项目。

出现下列情况之一的，应当立即组织有关劳动者进行应急职业健康检查：

（1）接触职业病危害因素的劳动者在作业过程中出现与所接触职业病危害因素相关的不适症状的。

（2）劳动者受到急性职业中毒危害或者出现职业中毒症状的。

3．离岗时健康检查

对准备脱离所从事的职业病危害作业或者岗位的劳动者，用人单位应当在劳动者离岗前 30 日内组织劳动者进行离岗时的职业健康检查。劳动者离岗前 90 日内的在岗期间的职业健康检查可以视为离岗时的职业健康检查。用人单位对未进行离岗时职业健康检查的劳动者，不得解除或者终止与其订立的劳动合同。

四、职业健康监护档案

用人单位应当为劳动者个人建立职业健康监护档案，并按照有关规定妥善保存。职业健康监护档案包括下列内容：

（1）劳动者姓名、性别、年龄、籍贯、婚姻、文化程度、嗜好等情况。

（2）劳动者职业史、既往病史和职业病危害接触史。

（3）历次职业健康检查结果及处理情况。

（4）职业病诊疗资料。

（5）需要存入职业健康监护档案的其他有关资料。

安全生产行政执法人员、劳动者或者其近亲属、劳动者委托的代理人有权查阅、复印劳动者的职业健康监护档案。劳动者离开用人单位时，有权索取本人职业健康监护档案复印件，用人单位应当如实、无偿提供，并在所提供的复印件上签章。

五、职业病危害项目申报

矿山企业应当根据国家安全生产监督管理总局《用人单位职业健康监护监督管理办法》（安监总局令第48号）要求，进行职业病危害项目的申报工作。职业病危害项目，是指存在职业病危害因素的项目。职业病危害因素按照《职业病危害因素分类目录》确定。

中央企业、省属企业及其所属用人单位的职业病危害项目，向其所在地设区的市级人民政府安全生产监督管理部门申报。前款规定以外的其他用人单位的职业病危害项目，向其所在地县级人民政府安全生产监督管理部门申报。

1. 申报

用人单位申报职业病危害项目时，应当提交《职业病危害项目申报表》和下列文件、资料：

（1）用人单位的基本情况。

（2）工作场所职业病危害因素种类、分布情况以及接触人数。

（3）法律、法规和规章规定的其他文件、资料。

职业病危害项目申报同时采取电子数据和纸质文本两种方式。用人单位应当首先通过“职业病危害项目申报系统”进行电子数据申报，同时将《职业病危害项目申报表》加盖公章并由本单位主要负责人签字后，按照相关规定，连同有关文件、资料一并上报所在地设区的市级、县级安全生产监督管理部门。职业病危害项目申报不得收取任何费用。

2. 变更申报

用人单位有下列情形之一的，应当按照本条规定向原申报机关申报变更职业病危害项目内容：

（1）进行新建、改建、扩建、技术改造或者技术引进建设项目的，自建设项目竣工验收之日起30日内进行申报。

（2）因技术、工艺、设备或者材料等发生变化导致原申报的职业病危害因素及其相关内容发生重大变化的，自发生变化之日起15日内进行申报。

（3）用人单位工作场所、名称、法定代表人或者主要负责人发生变化的，自发生变化之日起15日内进行申报。

（4）经过职业病危害因素检测、评价，发现原申报内容发生变化的，自收到有关检测、评价结果之日起15日内进行申报。

第三节　矿山职业危害因素

《关于印发〈职业病危害因素分类目录〉的通知》（国卫疾控发〔2015〕92号）中的职业病危害因素共六类459种。其中，粉尘类52种，化学因素类375种，物理因素类15种，放射因素类8种，生物因素类6种，其他因素类3种。矿山生产过程中主要的职业危害因素有粉尘、化学因素中生产性毒物和物理因素中噪声、振动和低气压、高气压等不良气象条件等。

一、粉尘

矿山生产中产生的粉尘称为矿尘。矿山生产的各个工序，如掘进、回采、爆破、装运、提升、破碎等都不同程度地产生矿尘。矿尘有很大的危险性，其污染工作场所，危害人体健康，引起职业病，某些矿尘在一定条件下还可能爆炸，此外还能加速机械磨损，缩短精密仪器的使用寿命等。

二、化学因素

矿山在生产过程中产生或使用化学气体或者化合物，这些化学气体或者化合物中很多为有毒物质，这些有毒物质很可能对人员造成危害。如矿山爆破产生的氮氧化物、一氧化碳，硫铁矿氧化自燃产生的二氧化硫，一些硫铁矿还会产生硫化氢、甲烷等，柴油设备大量使用产生的废气等。

生产性毒物对人体不同系统或部位产生不同的危害，如侵入神经系统，可引发脑病变、精神症状；侵入血液系统，可出现细胞减少、贫血、出血等。生产性毒物侵入人体的途径主要有三个：一是呼吸道，它是毒物侵入人体的主要途径，气体、蒸汽、气溶胶形态的毒物都可经呼吸道进入人体；二是皮肤；三是消化道，经过消化道的毒物大部分经肝脏转化、解毒后进行血液循环。

矿山常见的职业中毒如下：

（1）一氧化碳。矿山生产中一氧化碳来源广泛，如矿山爆破、机车、井下火灾等。轻度一氧化碳中毒者可能出现剧烈头疼、眩晕、恶心呕吐、乏力等症状，长期接触低浓度的一氧化碳，可引起神经衰弱综合征、心律失常等。《金属非金属矿山安全规程》规定：井下一氧化碳浓度不允许超过 0.002 4%。

（2）硫化氢。硫化氢是一种无色、具有腐蚀性臭鸡蛋气味的气体。有机物腐烂、硫化矿物水解、爆破都可能产生硫化氢。硫化氢中毒症状主要为眼及上呼吸道刺激、头晕直至神志不清、窒息等症状，接触高浓度的硫化氢可立即昏迷、死亡。《金属非金属矿山安全规程》规定：井下硫化氢浓度不允许超过 0.000 66%。

三、物理因素

1. 噪声

噪声是指人们不需要或感觉厌烦，甚至难以忍受的声音。噪声一般用声强或声压大小的变化程度来衡量，单位为分贝（dB）。矿山的空压机、凿岩机、球磨机等是重要的噪声源。如长期在强噪声下工作，听觉疲劳就不能恢复，内耳听觉器官发生病变，暂时性阈移变成永久性阈移，造成职业性听力损失。此外，噪声的危害还包括影响生产过程中的语言交流；造成强烈刺激，引发安全事故。《金属非金属矿山安全规程》规定，工作场所操作人员每天连续接触噪声的时间，应随噪声声级的不同而异。

2. 振动

振动危害可分为全身振动和局部振动，致害程度与接振强度、频率和暴露时间密切相关。全身振动时可导致工效降低、辨识能力和短时间记忆力减低、视力恶化和视野改变，对血压升高、脊椎病变、女性生殖功能有一定影响。局部振动可导致外周循环机能障碍，表现为振动性白指；还能引起中枢神经、外周神经、植物神经功能紊乱。工矿企业局部振动卫生标准为，使用振动工具或工件的作业，工具手柄或工件的振动强度，以 4 h 等能量频率计权振动加速度不得超过 5 m/s^2。

四、其他因素

矿山生产职业病危害其他因素主要为井下不良作业条件。矿山井下不良作业包括气温高、湿度大和温差大等。易造成井下作业人员上呼吸道炎症、中暑及风湿性疾病等。

我国现行的评价矿井气候条件的指标是干球温度。《金属非金属矿山安全规程》规定，进风口以下的空气温度必须在 2℃ 以上。生产矿井采掘工作面空气温度不得超过 26℃，机电设备硐室的空气温度不得超过 30℃。

高温作业是指在生产车间及露天作业工地等作业场所，遇到高气温或存在生产性热源，其工作地点的气温等于或高于本地区夏季室外通风设计计算温度 2℃ 以上的作业。夏季矿山地面以及有地热的井下工作面，都属高温作业场所。

高温对生理功能的影响主要有以下几个方面：

（1）体温的调节。高温作业的气象条件、劳动强度、劳动时间及人体的健康状况等因素，对体温调节都有影响。

(2) 水盐代谢。高温作业时，排汗显著增加，可导致机体损失水分、氯化钠、钾、钙、镁、维生素等，如不及时补充，可导致机体严重脱水，循环衰竭，热痉挛等。

(3) 循环系统。高温作业时，心血管系统经常处于紧张状态，可导致血压发生变化。高血压患者随着高温作业工龄的增加而增加。

(4) 消化系统。可引起食欲减退，消化不良，胃肠道疾病的患病率随工龄的增加而增加。

(5) 神经、内分泌系统。可出现中枢神经抑制，注意力、工作能力降低，易发生工伤事故。

(6) 泌尿系统。由于大量水分经汗腺排出，如不及时补充，可出现肾功能不全、蛋白尿等。

第四节　矿山职业危害防治

职业危害的控制主要是指针对作业场所存在的职业危害因素的类型、分布、浓强度等情况，采用多种措施加以控制，使之消除或者降到容许的范围之内，以保护作业人员的身体健康和生命安全。

一、职业危害控制主要措施

职业危害控制的主要技术措施包括工程控制技术措施、个体防护措施和组织管理措施等。

1. 工程控制技术措施

工程控制技术措施是指应用工程技术的措施和手段（例如密闭、通风、冷却、隔离等），控制生产工艺过程中产生或存在的职业危害因素的浓度或强度，使作业环境中有害因素的浓度或强度降至国家职业卫生标准容许的范围之内。例如，控制作业场所中存在的粉尘，常采用湿式作业或者密闭抽风除尘的工程技术措施，以防止粉尘飞扬，降低作业场所粉尘浓度；对于化学毒物的工程控制，则可以采取全面通风、局部送风和排出气体净化等措施；对于噪声危害，则可以采用隔离降噪、吸声等技术措施。

2. 个体防护措施

对于经工程技术治理后仍然不能达到限值要求的职业危害因素，为避免其对劳动者造成健康损害，则需要为劳动者配备有效的个体防护用品。针对不同类型的职业危害因素，应选用合适的防尘、防毒或者防噪等的个体防护用品。《劳动防护用品配备标准（试行)》（国经贸安全〔2000〕189号)、《个体防护装备选用规范》（GB 11651—2008)、《呼吸防护用品的选择、使用与维护》（GB/T 18664—2002）等法规标准对个体防护用品的选用给出了具体的要求。

3. 组织管理等措施

在生产和劳动过程中，加强组织与管理也是职业危害控制工作的重要一环，通过建立健全职业危害预防控制规章制度，确保职业危害预防控制有关要素的良好与有效运行，是保障劳动者职业健康的重要手段，也是合理组织劳动过程、实现生产工作高效运行的基础。

二、生产性粉尘的防治

矿尘危害的预防措施包括减尘措施、降尘措施、通风排尘、个体防护。金属非金属矿山的防尘主要采取以风、水为主的综合防尘技术措施，即一方面用水将粉尘润湿捕获，另一方面借助风流将粉尘排出井外。露天矿与井下开采作业的防尘措施各有不同特点。

1. 露天矿的防尘措施

露天矿的防尘措施主要包括以下几个方面：

（1）控制主要产尘源

1）钻孔作业是露天矿主要产尘源，可采取湿式钻孔或干式捕尘的方法。

2）矿区的破碎作业可使作业场所粉尘浓度达到每立方米几百毫克以上，可以采取密闭、通风除尘的办法。由于流程较短，仅有破碎设备，多无分级设备，机械化程度较高，可以采用远距离控制，进一步减少和杜绝工人接触粉尘的机会。

（2）司机室的防尘。由于受钻孔、运输过程中产生大量粉尘的影响，钻机、电铲、汽车等的司机室内粉尘浓度很高，因此应加强对司机室的防护。

（3）运输过程中的防尘

1）电铲装车前，向矿（岩）洒水，卸矿时设喷雾洒水装置。

2）运输路面应经常洒水，维护路面保持平整，减少粉尘的产生。为使路面不产生粉尘，有条件的可使用不易产生粉尘的材料（如乳胶化沥青）维护路面，喷洒抑尘剂。

2. 井下防尘

井下的防尘措施是由井下采矿生产过程及生产环境的特点所决定的，采取以湿式作业、加强通风为主要内容的综合性防尘措施。

（1）湿式凿岩是关键性措施，严格禁止无防护设备的干式凿岩。

（2）采用添加水炮泥爆破和水封爆破，放炮后喑雾降尘，放炮后立即向掌子面喷雾。

（3）运矿过程湿式作业，装矿前向矿（岩）洒水，卸矿点安设喷雾装置。

（4）加强通风，24 h 连续作业的矿井，全面通风的主要通风机连续运转，并保证作业面有足够的通风量。独头作业面和全面通风达不到的作业面，要安设局部通风装置。

此外，还有一些辅助性防尘措施，包括入风巷道、回风巷道设水幕，净化风源和已被粉尘污染的空气；冲洗巷道壁、通风筒保持清洁，防止二次扬尘。在采取防尘技术措施的同时，井下接尘工人必须戴防尘口罩。

三、化学因素的防治

做好矿山化学因素（主要为有毒有害气体）职业病危害因素的防护工作非常重要，预防措施如下：

（1）矿山生产过程中，每天都要接触到有毒物质，排除有毒物质的最好办法是通风排毒，特别是爆破以后要加强通风，15 min 以后才能进入爆破现场。进入长期无人进入的井巷时，一定要检查巷道中氧气及有毒有害气体的浓度，采取安全措施才能进入。

（2）当发现有人员中毒时，一定要先报告矿领导，派救护队员进矿抢救；或者报告领导后，采取通风排毒措施、戴防毒面具以后才能进入抢救。

（3）建立健全合适的卫生设施。

（4）做好健康检查与环境监测。

（5）要教育职工严格遵守安全操作规程和卫生制度。

人体接触有毒有害气体，主要包括一氧化碳、二氧化碳、硫化氢、二氧化氮、二氧化硫等，其预防措施如下：

（1）有效地控制或尽量消除有毒物质的发生，即消除或减少有毒危害源。

（2）降低生产过程中有毒物质的浓度。

（3）采用低毒或无毒物质代替有毒物质。

（4）建立健全符合卫生标准的生产卫生设施。

（5）做好职业健康检查统计和作业环境监测工作。

（6）开展经常性安全卫生教育，提高职工职业安全卫生意识和自我保护能力。

（7）严格执行安全操作规程和职业卫生制度。

（8）加强个体防护。

四、物理因素的防治

1. 噪声的控制措施

（1）消除或降低声源噪声。应逐步淘汰噪声、振动超标的工艺设备；严格控制制造和安装质量，防止振动；保持静态和动态平衡；加强润滑，降低摩擦噪声等。

（2）降低传递途径中的噪声。可以采取隔声、吸声、消声等措施，如建隔音操作室，将噪声源密闭；采用吸声材料等。

（3）加强个体防护。在噪声超标的作业环境中，应佩戴防声耳塞、耳罩和防声帽盔等防护用品。

2. 振动的防治

（1）控制振动源。应在设计、制造生产工具和机械时采用减振措施，使振动降低到对人体无害的水平。

（2）改革工艺，采用减振和隔振等措施。

（3）限制作业时间和振动强度。

（4）改善作业环境，加强隔振防护及健康监护。

第五节　防暑降温

1. 中暑的症状

高温车间，不注意防暑降温就会发生中暑，尤其是在夏天。夏天出汗多，容易疲劳，食欲较差，睡眠不足，易引起中暑。中暑初期征兆，感觉头晕、眼花、耳鸣、心慌、乏力，严重的体温会急速上升，出现突然晕倒或肌肉痉挛等现象。

2. 预防措施

（1）加强车间通风；建立冷气休息室，使职工能在工作间休息好，使体力及时得到恢复。

（2）供应含盐的清凉饮料。

（3）设立一定床位的高温临时宿舍，供路远或家庭环境差的高温工人临时住宿，保证充分睡眠。

（4）组织医疗人员现场巡回医疗，发放防暑用药等。入暑前进行体检，患有心血管系统器质性疾病、持久性高血压、溃烂病、活动性肺结核、肺气肿、肝肾疾病、明显的内分泌疾病、中枢神经系统器质性疾病、明显的贫血、急性传染病、重病症状患者及体弱者，不能从事高温作业。

以上这些都是高温季节里预防工人中暑行之有效的办法。但要使这些措施起到更大作用，还要工人的紧密配合，注意做好以下几件事：

（1）要正确合理地使用个人劳动防护用品。

（2）要及时补充盐分和水分。

（3）大量出汗后，不要站在大风量风扇前久吹或马上用冷水冲洗，以防寒气从扩张的皮肤毛孔进入人体，引起感冒等。

（4）在密闭设备或狭小仓库内作业时，需有专人监护。

第六节　劳动防护用品

劳动防护用品是保护劳动者在劳动过程中的安全和健康所需的一种预防性装备，是免遭或减轻事故伤害和职业危害的个人随身穿（佩）戴的用品，一般是指个人防护用品，亦称个体防护用品。

一、劳动防护用品的类别

我国的劳动防护用品共分为九大类。

（1）头部防护用品。

（2）呼吸器官防护用品。

（3）眼面部防护用品。

（4）听觉器官防护用品。

（5）手部防护用品。

（6）足部防护用品。

（7）躯干防护用品。

（8）防坠落用品。

（9）护肤用品。

二、劳动防护用品的管理与使用

1. 管理

（1）采购。必须保证采购劳动防护用品所需的资金。到有资质的劳动防护用品生产单位或经营单位购买劳动防护用品。购买的劳动防护用品必须各种证件齐全，符合国家标准或行业标准，特种劳动防护用品必须有安全标志。

（2）验收。劳动防护用品入库前必须经安全管理部门验收合格后，方可办理入库手续。劳动防护用品验收应根据国家标准或行业标准进行验收，各种证件必须齐全，特种劳动防护用品必须有安全标志，外观合格，不得过期。否则，禁止入库。

（3）保管。劳动防护用品实行专门储存、专人保管，按说明书要求进行储存和管理，防止劳动防护用品过期或变质。加强储存过程中的检查，发现问题及时处理。

（4）发放。应建立劳动防护用品发放标准、发放台账，严格按标准发放。

（5）使用。要加强对员工正确佩戴、使用劳动防护用品的教育培训，并监督检查员工正确佩戴和使用。要把劳动防护用品的性能、用途、正确佩戴和使用等作为对新员工及每年全员培训的重要内容进行培训、学习和考核。员工在生产过程中必须按要求正确佩戴、使用劳动防护用品，并做好劳动防护用品的维护和保养工作。要定期、不定期对员工佩戴、使用劳动防护用品情况进行检查。

（6）更换、报废。劳动防护用品损坏的，要及时更换。由于过期、损坏等报废的特种劳动防护用品必须集中存放，定期销毁，严防流失。

2. 使用

（1）防毒口罩、面具。防毒面具、口罩可分为过滤式和隔离式两类。过滤式防毒用具是通过滤毒罐、盒内的滤毒药剂滤除空气中的有毒气体再供人呼吸。因此劳动环境中的空气含氧量低于19.5%时不能使用。通常滤毒药剂只能在确定了毒物种类、浓度、气温和一定的作业时间内起防护作用。所以过滤式防毒口罩、面具不能用于险情重大、现场条件复杂多变和有两种以上毒物的作业。隔离式防毒用具是依靠输气导管将无污染环境中的空气送入密闭防毒用具内供作业人员呼吸。它适用于缺氧、毒气成分不明或浓度很高的污染环境。

（2）空气呼吸器

1）使用前的检查

①打开气瓶阀，检查各连接部位是否漏气，检查气瓶压力应为200 ~ 300 bar。如气瓶未装满，使用时间会缩短。当气瓶压力在100 bar以下时不得使用呼吸器，应更换气瓶。

②关闭气瓶阀门，并观察压力表，1 min内压降不得高于20 bar。

③按下需求阀的按钮，使管路中的空气慢慢释放，并观察压力表。在压力低于（50 ± 5）bar的时候报警哨必须响起。如果报警哨不发声或压力不在规定范围内，呼吸器必须维修后才能使用。

2）操作方法

①佩戴时，先将快速接头断开（以防在佩戴时损坏全面罩），然后将背托背在人体背部（空气瓶开关在下方），根据身材调节好肩带、腰带并系紧，以合身、牢靠、舒适为宜。

②把全面罩上的长系带套在脖子上，使用前全面罩置于胸前，以便随时佩戴，然后将快速接头接好。

③将供给阀的转换开关置于关闭位置，打开空气瓶开关。

④戴好全面罩（可不用系带）进行2 ~ 3次深呼吸，应感觉舒畅。屏气或呼气时，供给阀应停止供气，无“咝咝”的响声。用手按压供给阀的杠杆，检查其开启或关闭是否灵活。一切正常时，将全

面罩系带收紧，收紧程度以既要保证气密又感觉舒适、无明显的压痛为宜。

⑤撤离现场到达安全处所后，将全面罩系带卡子松开，摘下全面罩。

⑥关闭气瓶开关，打开供给阀，拔开快速接头，从身上卸下呼吸器。

3）维护和保管

①呼吸器应摆放在固定位置，保证完好。

②要保证清洁干净，避免油类物品。

③压力低于 150 bar 时，要及时更换气瓶，气瓶使用或搬运时严禁碰撞。

④全面罩可以用中性清洁剂清洗，晾干。

⑤避免强光或太阳光的直接照射，并远离热源。

⑥气瓶每 5 年进行一次定期检定。

（3）安全带。安全带是高处作业工人预防坠落伤亡的用具，由带子、绳子和金属配件组成。在使用安全带时，应注意以下几点：

1）应当使用经检验合格的安全带。

2）每次使用安全带时，必须做一次外观检查，在使用过程中，还应注意查看，在半年至一年内要使用几次，以主部件不损坏为要求。如发现有破损变质情况应及时反映，并停止使用，以确保操作安全。

3）高处作业时作业人员必须扎好安全带方可工作。

4）安全带应高挂低用，注意防止摆动碰撞，使用 3 m 以上长绳应加缓冲器。缓冲器、速差式装置和自锁钩可以串联使用。

5）不准将绳打结使用，也不准将钩直接挂在安全绳上使用，应挂在连接环上用。

6）安全带上的各种部件不得任意拆掉，使用前应仔细检查各部分构件无破损时才能佩系。更换新绳时要注意加绳套。

7）使用过程中，应防止摆动、碰撞，避开尖刺和不接触明火。

8）作业时应将安全带的钩、环牢挂在母线上，各卡子要扣紧，以防脱落。

9）使用后将安全带、安全绳卷成盘放在无化学试剂、阳光、化学溶剂的场所，切不可折叠，在金属配件上涂些机油，以防生锈。

10）安全带的使用期限一般为 3 ~ 5 年，在此期间安全绳磨损时应及时更换，如果带子破裂应提前报废。

第八章 矿山事故应急救援

第一节 矿山事故应急救援的作用

矿山事故发生率高，特别是较大以上事故发生率高，危害十分严重，造成了重大的人员伤亡和财产损失。由于采掘业本身的作业环境受自然地理条件特别是工程地质、水文地质条件的制约，采矿活动空间狭小，开采技术落后，装备水平低，技术力量相对薄弱，从业人员素质较低，安全意识薄弱，这些因素导致我国金属非金属矿山生产危险性大。矿山水害、火灾、冒顶片帮、边坡滑坡、泥石流等事故一直是威胁矿山生产人员生命安全的重大灾害。

安全生产，重在防患于未然。同时，安全生产事故发生后的应急救援也是至关重要的。事故灾害具有不确定性和突发性、复杂性、后果易扩大性等特点，稍有不慎，就可能改变事故的性质，事故猝变、激化与放大造成事故失控，引起事故波及范围扩大，卷入人数增加，人员伤亡与财产损失后果加大，不但迫使应急响应升级，甚至可能导致社会性危机出现，使公众陷入动荡与恐慌。为尽可能降低事故的后果及影响，减少事故所导致的损失，要求事故应急救援行动必须做到迅速、准确和有效。

建立科学、完善、系统的应急救援体系，提高事故预防和应急处置能力，是落实中央领导指示精神，加强安全生产工作的重要举措。开展迅速、科学、高效、有序的事故应急救援行动，是事故应急救援成功的基本保障。加强应急救援工作，是防范事故灾难、减少事故损失的关键一环，是促进矿山安全生产形势进一步稳定好转的有力举措。矿山应急救援工作，不仅是矿山企业安全生产工作的重要内容，也是重要的公共安全和社会公益性事业，关系到国家发展与社会稳定大局。加强矿山企业应急救援工作，是矿山企业必须履行的法定职责，是防范矿山事故灾难，最大限度地减小和降低事故损失，保护人民群众生命、环境、财产安全的需要，也关系到矿山企业自身的生存和可持续发展。

第二节　矿山事故应急管理

矿山事故应急管理不只限于事故发生后的应急救援行动，它是对矿山事故的全过程管理，贯穿于事故发生前、中、后的各个阶段，它是一个动态的过程，包括预防、准备、响应和恢复四个阶段。在实际情况中，这些阶段往往是交叉的，但每一阶段都有自己明确的目标，而且每一阶段又是构筑在前一阶段的基础之上，因而预防、准备、响应和恢复的相互关联，构成了事故应急管理的循环过程。

一、预防

在应急管理中预防有两层含义：一是事故的预防工作，即通过安全管理和安全技术等手段，尽可能地防止事故的发生，实现本质安全；二是在假定事故必然发生的前提下，通过预先采取的防范措施，达到降低或减缓事故的影响或后果的严重程度。如设置防护墙，加强地压监测预报和顶板管理，安装符合技术标准和规程要求的安全防护设施，悬挂安全告知卡（牌），开展安全教育等。从长远看，低成本、高效率的预防措施是减少事故损失的关键。

二、准备

应急准备是应急管理过程中一个极其关键的阶段。它是针对可能发生的事故，为迅速有效地开展应急行动而预先做的各种准备，包括应急机构的设立和职责的落实、预案的编制、应急队伍的建设、应急设备（施）与物资的准备和维护、预案的演练、与外部应急力量的衔接等，其目标是保持事故应急救援所需的应急能力。

近年来，各矿山逐渐建立应急救援机构，落实应急职责，组建应急队伍，配备一定数量的应急设备和设施，编制应急救援预案，每年制订应急培训和演习计划，加强应急队伍的建设，普及应急救援知识，提高应急队伍和员工的应急反应能力，应急准备工作不断得到加强。

三、响应

应急响应是在事故发生后立即采取的应急救援行动，包括事故的报警与通报、人员的紧急疏散、急救与医疗、消防和工程抢险措施、信息收集与应急决策和外部救援等。其目标是尽可能地抢救受害人员，保护可能受威胁的人群，尽可能控制并消除事故。

从近年来对一般突发性事故应急响应中可以看出，由于矿山应急队伍的快速出击和正确施救，事故受伤人员能得到及时有效的救援。专业应急队伍在应对矿山一般性事故中正在发挥着越来越重要的作用。

四、恢复

恢复工作应在事故发生后立即进行。首先应使事故影响区域恢复到相对安全的状态，然后逐步恢复到正常状态。恢复工作包括事故损失评估、原因调查、清理废墟等。在短期恢复工作中，应注意避免出现新的紧急情况。长期恢复包括矿（厂）区重建和受影响区域的重新规划和重建。在长期恢复工作中，应吸取事故和应急救援的经验教训，开展进一步的预防工作和减灾行动。

一般事故的恢复较简单，有的甚至无须动用大量的人力和物力；重特大事故的恢复较复杂，难度也较大，有的甚至井毁人亡，无法恢复。因此，事故恢复要根据不同的事故类别、事故性质、事故规模、事故现场的特点，采取有针对性的措施，迅速恢复到正常状态，同时做好事故的调查处理，科学分析事故原因，查找事故规律，并对照国家安全生产法律法规和企业规章制度对有关责任人进行处理，提出事故防范措施，避免同类事故再次发生。

第三节　矿山事故应急处置

应急救援既是事故对策中的一个重要环节，也是事故管理工作的一个重要方面。从预防的角度分析，事故现场处置又是对已经发生的事故进行纵深防御的一道重要防线。事故现场处置工作成功与否，不仅关系到能否减少事故造成的人员伤亡和经济损失，同时也是一个国家、地区、企业对灾害性事故救援和处置能力的考验。

一、矿山抢险救灾

1. 救灾步骤

(1) 立即撤出灾区人员和停止灾区供电。

(2) 依据本矿事故应急救援预案中有关规定立即通知矿长、总工程师等有关人员，报告矿山有关安全监管部门。

(3) 启动本矿的救援队伍或招请矿山救护队。

(4) 成立现场抢险救灾指挥部（由当地政府负责人和矿长为首组成)，统一指挥抢险救灾工作。

(5) 派救护队或其他救灾人员进入灾区救人、侦察灾情。

(6) 立即在事故现场周围建立警戒区域，必要时实施交通管制，指挥、调度撤出危害区的人员，对重点目标实施保护，维护社会治安。

(7) 指挥部根据灾情制定救灾方案。

(8) 救灾人员根据救灾方案立即开展现场救灾工作，根据现场专业人员对事态发展监测情况及时修改方案直至救灾完成，恢复正常生产。

注意事项：①指挥步骤必须正确。救灾过程避免无人领导、多头领导、乱指挥、指挥失误。总指挥要侧重于重大问题的决策，指挥要有条不紊、沉着、冷静。②指挥员要纵观全局，抓住战机。及时了解灾情变化情况，发生发展的过程及原因分析，预测灾情发展、可能诱发的伴生、衍生事故，巧妙地组织力量并利用一切可以利用的救灾手段，力争在最短的时间内完成救灾工作。③制定作战方案，多做几种设想。选择最有利的时机控制灾变，消灭事故。及时、果断地采取有效的对策与措施尽早控制灾情。抓住每次灾变发生的关键因素来控制全局。

2. 矿山救护队

为了及时有效地处理和消除矿山事故，减少人员伤亡和财产损失，大型矿山、有自燃发火或沼气危害的矿山，应该成立专职矿山救护队；其他矿山应该组织经过严格训练、配有足够装备的兼职救护队。救护队应配备一定数量的救护设备和器材。矿山救护队按大队、中队、小队三级编制，其人数根据具体情况而定。一般，由 5 ~ 8 人组成一小队，由 3 ~ 6 个小队编成一个中队，由几个中队组成该矿区的救护大队。

救护队员要做好战前检查，进入现场救护基地，首先听取灾区人员对事故情况介绍，然后对事故现场进行侦察，探明事故发生初步原因、影响范围、遇险人员现状和所在位置、巷道通风（测定有害气体浓度）、垮塌等情况，最后对现场情况进行分析、总结、报告指挥员，以便制定切实可行的救灾方案。

抢救遇险人员是矿山救护队的首要任务，应千方百计创造条件，以最快的速度、最短的距离进入灾区，先将受伤人员搬到新鲜风流中进行抢救，同时派人引导未受伤人员撤离灾区，然后陆续抬出已牺牲的人员，对于多人遇险待救时，应根据“先活后死，先重伤后轻伤，先易后难”的原则实施救援。

在紧急情况下，应把救护队员派往遇险人数最多的地点。但只有在救人的情况下，指挥员才能派救护人员进入有高温、塌冒、爆炸、水淹等危险性较高的灾区，而且还要采取有效的防护措施，确保进入灾区人员的安全，避免造成更大的伤亡。

3. 现场（井下或地面）救护基地

现场救护基地是救灾工作的前线指挥部，是救灾人员与物资的集中地，救护队员进入灾区的出发点，也是遇险人员的临时救护基地。因此，能否正确选择现场救护基地常常关系到救灾工作的成败。

现场救护基地应由矿山救灾指挥部根据灾区位置、范围、类别以及通风、运输等条件确定，一般应遵循以下原则：

（1）不受灾害威胁和不会因灾害扩大而被波及的地点，但应尽可能接近灾区。

（2）在进行火灾、爆炸事故救护时，基地应设在稳定的新鲜风流区域；对冒顶、火灾等灾害，应选择贯穿风流的区域。

（3）方便运输，保证通风与照明，要有一定的空间与面积，确保救灾活动与物资储备的安全。

（4）不应设在与灾区毫无联系的运输大巷、角联风路、风速过大的区域。

4．安全岗哨

在事故现场，应根据作战计划，在可能进入灾区的通道设立岗哨，防止非救灾人员进入灾区。

二、矿山常见事故的应急处理

根据矿山事故及应急抢险工作的特点，矿山企业应做好以下常见事故的应急处理工作。

1．矿井火灾事故

矿井火灾往往情况比较复杂，特别是外因火灾，发生突然，在风流的作用下来势凶猛，往往使人惊慌失措。有关矿领导在接到井下火灾报警后，应按以下程序进行抢救：

（1）迅速查明并组织灾区和受威胁区域的人员撤离，积极组织矿山救护队抢救遇险人员。同时，查明火灾性质、原因、发火地点、火势大小、火灾蔓延方向和速度、遇险人员的分布及伤亡情况，采取措施阻止火灾向有人员的巷道蔓延。

（2）切断火区电源。

（3）选择正确的通风方法。处理火灾时，常用的通风方法有正常通风、增减风量、反风、风流短路、停止主要风机运转等。无论采用何种通风方式，都必须满足下列基本原则：保证灾区和受威胁区人员的安全撤退；防止火灾扩大，创造接近火源直接灭火的条件；避免火灾气体达到爆炸浓度；改变通风方式，绝不让火烟危及人员安全。如对另一部分人员有威胁，先将其撤离后再改变通风方式。

（4）慎重选择灭火方法。在火灾初期，火势范围不大时，应积极组织人员控制火势，直接灭火，控制火源。在直接灭火无效时，应采取隔绝灭火方法封闭火区。

（5）火灾抢救中，必须监视有毒有害气体的变化。

2. 透水事故

（1）先撤出一切可能受到威胁的区域的人员。

（2）查清透水水源，如系地表水（河流、湖泊、池塘等）灌入井下，应设法拦截和堵塞进水通道，同时加大排水能力，以最快速度抢救遇险人员，减少财产损失。

（3）根据水情，确定关闭防水门的顺序和责任人，及时关闭防水门。

（4）有流沙流出时，应构筑滤水墙，并规定滤水墙的构筑位置和顺序。

（5）保护好排水设备不被淹没。当水和泥沙威胁到泵房安全时，在下部水平的人员已撤离后，可将其引入下部巷道。

（6）对于被水或泥沙截堵的灾区人员，一时难以救出时，应利用管道或其他方法向遇险人员供风。

（7）抢救时，需监视有害气体的浓度，同时注意防止二次透水伤人。

（8）抢救长期被困在井下的人员时，由于被困人员的血压下降、脉搏慢、神志不清，必须轻搬慢运。

（9）不得用光照射遇险人员的眼睛，将遇险人员运出井上以前应用毛巾遮护眼睛。保持体温，用棉被盖好遇险人员。

（10）短期内禁止亲属探视，避免被困人员因兴奋造成血管破裂。分段搬运，以逐渐适应环境，不能一鼓作气运出井口。

3. 冒顶片帮事故

（1）探明冒顶区范围和被埋、压、截堵的人数及可能位置，并分析抢救、处理条件。

（2）迅速恢复冒顶区的正常通风。如一时不能恢复，则必须利用压风管、水管或打钻向埋压或截堵区人员供给新鲜空气。

（3）在处理中必须由外向里加强支护，清理出抢救人员的通道通往埋压或被截堵人员，必要时可以向遇险人员开掘专用小巷道。

（4）在抢救处理中必须有专人检查与监视顶板情况，防止发生二次冒顶。

（5）在抢救中遇有大块岩石，不许用爆炸法处理，应尽快避开。如果威胁到遇险人员，则可以用千斤顶等工具移动石块，救出遇险人员。

注意事项：①在抢救被压或被埋人员时，应注意不要损伤人体，应根据伤员所在位置，确定从其旁边位置进行挖掘。如确知头部所处位置，则应先挖掘其头部的石块，使其尽早露出头部，能呼吸空气。②伤员救出后，应视其伤情给予必要的现场创伤急救，如进行止血包扎、简易骨折固定等，避免必要的活动加重伤情，然后送医院治疗。

4. 中毒、窒息事故

中毒、窒息事故一旦发生，如果救护不当，往往增加人员伤亡，导致伤亡事故扩大。特别是在矿山井下，有毒有害气体不容易散逸，更容易发生重大中毒、窒息事故。井下有毒、有害气体主要来源于爆破产生的炮烟，火灾产生的一氧化碳和二氧化碳等。一旦发现人员中毒、窒息，应按照下列方法实施救护：

（1）救护人员应摸清有毒有害气体的种类、可能危及的范围、产生的原因及中毒、窒息人员的位置，并对现场有毒有害气体进行连续监测。

（2）救护人员要在采取有效防护措施后，如通风排毒、戴空气呼吸器等，才能进行营救工作。严禁人员没有采取任何防范措施进入灾区。

（3）救护人员进入中毒事故区域，应不间断地与救援基地保持通信联系。如果救护人员有 1 人出现体力不支或者救护面具气量不够的情况，全小队要立即撤出事故区域，返回基地。

（4）救援人员应携带自救器进入灾区，给中毒者戴上自救器，迅速将其抬到新鲜风流处施行人工呼吸，或用抢救设备进行救护。

（5）对炮烟中毒事故区域，要对巷道顶板、支护、地压异常等现象进行观察，发现危及救护人员安全的，立即撤出救护队员。迅速排除险情，对失稳巷道进行支护，在确保救护队员安全的情况下，重新开始救援工作。

5. 边坡坍塌事故

(1) 首先应撤出事故范围和受影响范围的工作人员，并设立警戒，防止无关人员进入危险区。

(2) 积极组织人员抢救被滑坡、坍塌埋压的遇险人员。抢救人员时要遵循“先易后难，先重伤后轻伤”的原则。

(3) 认真分析造成滑坡、坍塌的主要原因，并根据坍塌事故救援预案制订救援方案。

(4) 在抢险救灾前，首先检查采场边坡顶部是否存在再次滑落的危险，如存在较大危险，应先进行处理。

(5) 在整个抢险救灾过程中，在采场边坡上、下都应选有经验的人员观察边坡情况，发现问题，要立即进行处理。

(6) 采取措施阻止滑落的矿岩继续下滑，并积极抢救遇险人员。

(7) 在危险区范围内进行抢救工作中，应尽可能使用机械化装备和控制抢险工作的人数，避免扩大伤亡。

(8) 抢险救灾工作应统一指挥、科学调度、协调工作，做到有条不紊，加快抢救速度。

6. 尾矿库溃坝事故

(1) 尽快成立救灾指挥领导小组（以当地政府负责人和矿长为首组成)，统一指挥抢险救灾工作。

(2) 溃坝前，应尽快通知可能波及范围内的人员立即撤离到安全地点。尾矿库周边的居民，由当地政府部门组织撤退。

(3) 划定危险区范围，设立警戒岗哨，防止无关人员进入危险区。

（4）尽快抢救被尾矿泥围困的人员，组织打捞遇难人员。

（5）尽快检查尾矿坝垮塌情况，采取有效措施，防止二次溃坝事故发生。

（6）溃坝后，如果库内还有积水，应尽快打开泄水口将水排出。

（7）采取一切可能的措施，防止尾矿泥对农田、水面、河流、水源的污染或者尽量缩小污染范围。

7. 井下突然停电事故

（1）作业场所的班长（队长、带班矿长）要立即与井上生产值班人员联系，确认停电原因和来电时间，并由各队长、安全员将停电情况通知给各所属生产区域的作业人员。

（2）如暂时突然停电（时间在 30 min 内），井下作业人员首先要用随身携带的手电筒照明，关闭作业面机械设备的开关，寻找安全位置躲避等待来电。不准随意在作业面和作业场所走动，严禁到采空区、采场、溜井、天井、切割井、漏斗及水仓等危险地段或附近暂时躲避。

（3）如停电超过 30 min 或确认停电在短时间内无法来电时，井下作业人员首先要用随身携带的手电筒照明，关闭作业面使用的机械设备开关。要在带班矿长或队长组织下，清点人数，互相照应、互相监护，安全从作业面和作业场所撤离，以队或班为单位有秩序通过安全通道升井。

（4）在撤离过程中，当班安全员要随行监护，并不时检查人数，保证所有人员安全撤出。带班矿长要在点清人数，安排好不能撤离岗位的人员后，才能撤出井下。

（5）特殊情况下停电，如发生水灾、地震等情况时，要将所有人员安全撤出。

（6）井下发生突然停电短时不能恢复的，应立即启用备用电源，保证照明、排水、通风等的用电。

8．井下炸药库意外爆炸事故

（1）首先应保持正常通风，尽快撤出并清点井下所有作业人员。

（2）侦察井下炸药库爆炸是否结束，是否存在二次爆炸的危险，如果还有爆炸声，救援人员严禁入内。

（3）只有在爆炸声完全熄灭，再等至少 15 min 后，才准进入井下爆炸影响区域救人，以防发生二次爆炸。

（4）侦察爆炸影响区域有毒有害气体浓度、温度、巷道及硐室坍塌情况，判断遇险人员可能的位置。制定救援方案，采取局部排烟通风及临时支护措施。

（5）救援人员佩戴呼吸用具进入事故现场救助遇险人员。

（6）只有在不会再次发生爆炸的情况下，才准进入爆炸现场清理尚未爆炸的爆破器材。

9．坠（卡）罐事故

（1）现场人员急救

1）井底人员发现罐笼异常时，立即撤离井底车场，及时汇报，确认安全后方可靠近观察。

2）提升机司机发现罐笼异常后应立即采取一切可能的制动方式。无法制动时应躲开主滚筒正对侧，等罐体稳定后打好闭锁及时汇报。

3）罐笼内人员在等待救援的同时，可进行自救，对受伤较严重的人员进行临时包扎。

（2）卡罐

1）安排机修人员在井塔上利用绳卡卡住钢丝绳，防止罐笼意外下坠造成事故，然后用槽钢、钢板、木板等封锁井口，以防其他物品坠入井底。

2）抢救时无关人员严禁靠近井口、井底车场。救援人员备齐安全带、绳索等救援用品和安全用具。

3）梯子间能正常使用的，抢救人员从梯子间下到罐笼所在位置，打开梯子间护栏，搭设跳板，打开罐盖，营救遇险人员。梯子间不能正常使用的，在井口井架架设一套简易起吊装置，抢救人员下到罐笼顶部，打开顶部窗口进入罐笼营救遇险人员。

（3）坠罐

1）发生坠罐事故后，立即封锁事故现场，与井口、井底车场无关人员严禁进入。

2）地表准备好救援设备、物资、医疗器材等，积极开展救援工作。

3）组织救援人员从梯子间、风井等下到井底抢救遇险人员和伤员。

4）在井口用槽钢、木板等封锁井筒断面，防止其他物品掉入井筒。当罐笼被缓冲装置卡住时，先用绳卡卡住钢丝绳防止罐笼意外下坠造成事故。救援人员通过梯子间进入罐笼救援遇险及受伤人员，或者架设简易起吊装置进入罐笼，再通过起吊装置将受伤人员提升上来。当罐笼坠入井底时，救援人员也可通过井底排水通道直接进入罐笼抢救人员。

10. 矿区泥石流事故

（1）迅速报警。确认灾情后，立即与当地政府、安监、国土、公安、医疗救护等部门报告受灾地址、受灾面积、人员伤亡情况等。

（2）实地侦察。察看泥石流现场，掌握受灾面积和范围，人员伤亡数量；确定危险地段，划定警戒区域，设置警戒线，撤离危险范围内的人员；查清是否有人员被埋压，是否需要挖掘，确定挖掘的方法和途径。

（3）成立救援突击队，搜寻失踪人员，积极营救遇险人员。动员一切力量全力加固护城堤坝、堵疏水道，以免泥石流引起堤坝溃决冲击村庄、城镇等。

（4）对事故现场抢救出的窒息、休克、出血等重、危急伤员，立即进行现场急救，初步处理后，迅速转送医院救治。

（5）救援人员及救援车辆的停靠位置要有利于撤退。

11．地表塌陷事故

（1）实地侦察地表塌陷区的范围及发展情况，井下影响区域，确定危险地段、人员物资疏散的范围，查清是否有人员需要救援，划定警戒区域，在可能出现塌陷区域的周围、路口设置明显的警戒线和“塌陷危险区、严禁进入”警示牌。

（2）阻断进入塌陷区的道路，防止车辆、人员、牲畜直接进入塌陷区。

（3）地面出现塌陷时，及时对塌陷坑进行必要的回填。回填时，施工单位要安排专职监护人员，防止人、机坠入塌陷区。

（4）塌陷区周围应挖掘截洪沟，防止地表水流灌入井下。其他工业和民用废水，不得进入塌陷坑。

（5）与塌陷区相连通的采空区的所有出入口应封堵，并设置排水管（口）。

（6）根据实际情况，可采用填堵法、跨越法、强夯法、灌注法、深基础法、控制抽排水强度法等进行地表塌陷处置，防止发生地面采空塌陷区引起的地质灾害，确保矿区安全。

第四节　矿山避灾设施（六大系统）

为认真贯彻落实《国务院关于进一步加强企业安全生产工作的通知》（国发〔2010〕23 号）精神，进一步提高金属非金属地下矿山安全生产保障能力，国家要求地下矿山企业安装使用安全避险“六大系统”，并加强日常管理和维护，确保各系统正常运行。金属非金属地下矿山安全避险“六大系统”是指安全监测监控系统、井下人员定位系统、紧急避险系统、压风自救系统、供水施救系统和通信联络系统。

1. 安全监测监控系统

地下矿山企业应建立采掘工作面安全监测监控系统，实现对采掘工作面一氧化碳等有毒有害气体浓度，以及主要工作地点风速的动态监控；建立完善提升人员的提升系统的视频监控系统，实现对井口调度室、提升绞车房、提升人员进出场所（井口、井底、中段马头门、调车场等）的视频监控。

2. 井下人员定位系统

建设具有监控井下各个作业区域人员动态分布及变化情况功能的井下人员定位系统；当班井下作业人员数少于 30 人的，应建立保证能准确掌握井下各个区域作业人员数量的人员出入井信息管理系统。

3. 紧急避险系统

水文地质条件中等及复杂或有透水风险的、生产中段在地面最低安全出口以下垂直距离超过 300 m 的矿山，应在最低生产中段设置紧急避险设施；距中段安全出口实际距离超过 2 000 m 的生产中段，应设置紧急避险设施。

4. 压风自救系统

应按照为采掘作业的地点在灾变期间能够提供压风供气的要求，建立完善压风自救系统；空气压缩机应安装在地面。

5. 供水施救系统

应按照为采掘作业地点及灾变时人员集中场所能够提供水源的要求，建立完善供水施救系统。

6. 通信联络系统

应按照《金属非金属矿山安全规程》的有关规定，以及在灾变期间能够及时通知人员撤离和实现与避险人员通话的要求，建设完善井下通信联络系统；矿井井筒通信电缆线路一般分设两条通信电缆，从不同的井筒进入井下配线设备，其中任何一条通信电缆发生故障，另一条通信电缆的容量应能担负井下各通信终端的通信能力。

矿山企业应建立安全避险“六大系统”管理制度，设置专门人员进行管理维护。要根据井下采掘系统的变化情况，及时补充完善安全避险“六大系统”。安全管理人员、通风工、区队长、班组长、当班安全员等应携带便携式检测仪器，按照《金属非金属矿山安全规程》和《金属非金属地下矿山通风技术规范》（AQ 2013—2008）的有关规定，对井下有毒有害气体进行随机检测，对风速、风质等进行定期测定，发现和监测监控系统显示数值不一致时，应及时进行调校。应加强培训，确保入井人员熟悉各种灾害情况的避灾路线，并能正确使用安全避险设施；每年应开展一次安全避险“六大系统”应急演练，并建立应急演练档案；每年应将安全避险“六大系统”建设和运行情况向县级以上安全监管部门进行书面报告。

县级以上安全监管部门负责本行政区域内地下矿山企业安全避险“六大系统”安装监督检查工作。

第五节　矿山常用应急救援装备

应急救援装备是矿山事故救援的重要保障。为保证应急工作的有效实施，矿山应根据需要配备应急救援装备。平时做好装备的保管工作，保证装备处于良好的使用状态，一旦发生事故就能立即投入使用。

矿山应急救援装备主要包括通信指挥系统、交通及吊装设备、呼吸防护装置、灾区侦测与搜寻设备、灭火设备、排水设备、钻进与支护设备 7 类。

1．通信指挥系统

矿山通信指挥系统是各级救援指挥人员与井下救援指战员联系的纽带，通信系统能及时将井下灾区的图像、环境信息、语音信息、遇险人员信息传送到各级指挥机构，便于救援指挥人员、救援专家对灾难事故做出正确的判断，制订有序、有力、有效的救援对策。我国现已研制了多种矿山救援指挥系统，其主要由 3 个层次组成：前端、井下救援基地及地面指挥中心。

2．交通及吊装设备

在矿山救援过程中，救援指战员和救援装备必须以最快的速度到达事故现场。目前，矿山救援队使用的交通工具主要有通信指挥车、矿山救护车、气体分析化验车、宿营车、装备车、吊装车等，具备运送救援指战员及救援装备到达事故现场、指挥调度、灾情分析、休息、吊装设备等功能。

3. 呼吸防护装置

呼吸防护装置包括空气呼吸器和自救器，空气呼吸器是救援指战员必备的个人呼吸防护装备，自救器是救援人员在紧急情况下逃生的装备。目前国内外生产的正压空气呼吸器有气囊式和呼吸仓式 2 种，主要参数包括额定防护时间、吸气中 CO_2 浓度、吸气温度、呼吸阻力、正压性能等。

4. 灾区侦测与搜寻设备

灾区侦测是矿山救援的首要环节，主要任务是侦测灾区情况，包括巷道损坏程度、环境温度、气体成分及浓度、抢救遇险人员、标识遇难人员，为判定事故性质、危害程度、次生事故发生可能性、制订救援方案、调集救援队伍及装备提供科学依据。

（1）气体检测设备。灾区的气体检测共有 2 种方式：一种是采用便携式气体检测仪进行灾区现场检测，主要检测 CO、O_2、CH_4、CO_2等气体浓度，目的是判定灾区是否存在中毒窒息、爆炸危险及事故类别；另一种是采集气体，利用气体分析化验车或实验室的气相色谱仪进行化验分析，主要检测 H_2S、N_xO_v、SO_2及火灾标志性气体。

（2）红外测温仪。目前国内外广泛使用红外线温度测定仪，使用方便，矿山救护队员携带其进入灾区，可迅速检测灾区的环境温度，并根据探测距离，对火源点、火势等做出正确判断。

（3）救灾机器人。救灾机器人是代替救援人员进入现场、避免救援人员伤亡的侦测设备之一，目前国内已经研制出轮式、履带式和蛇形机器人等多种矿用救灾机器人，但国内外还未出现矿用救灾机器人的实际应用案例。

(4) 灾区搜寻装备。灾区搜寻装备包括寻找遇险人员的生命探测仪、寻找遇难人员的尸体搜寻仪，以及搜寻炸药的炸药探测仪。

生命探测仪分为音频生命探测仪、视频生命探测仪、雷达生命探测仪、气敏生命探测仪（如 CO_2 检测仪）、红外生命探测仪、微波生命探测仪等。

5. 灭火设备

处置火灾事故的主要措施就是灭火。不同的灭火方式需使用不同的灭火设备。

(1) 灭火器。灭火器主要有泡沫灭火器和干粉灭火器 2 种。由于井下灭火器的容量和数量有限，通常是用在火灾初期，主要用于扑灭各种硐室和巷道中的小型火灾。

(2) 高倍数泡沫灭火装置。其原理是利用高倍数起泡剂与压力水相混合，通过筛网形成大量高倍数泡沫，充满火区巷道，使燃烧物与空气隔绝，同时，泡沫遇高温蒸发能吸热降温，并能稀释空气中的氧浓度，利于灭火。

(3) 惰气灭火装置。惰气较难与其他物质发生反应，是较好的阻燃剂，并且可以排挤空气，降低氧气含量，冷却火源，增加火区内的气压，减少新鲜空气漏入火区；同时，惰性气体可渗入矿、岩石孔隙内，阻止可燃物氧化，将其熄灭。惰气灭火装置灭火快，对设备损坏小，但气体消耗量大，成本较高。

(4) 注浆装置。注浆灭火就是将水与不燃性的固体材料按适当的配比，制成一定浓度的浆液，利用输浆管道送至发生火灾的地点以扑灭火灾。浆液充填于破碎的硫化矿或岩石缝隙之间，沉淀的固体物质可以充填裂缝并包裹浮矿石，起到隔氧堵漏的作用；同时，泥浆对已经自燃的硫化矿有冷却散热的作用。

6. 排水设备

矿用排水设备主要指矿用水泵及排水管路、水管吊装设备、配送电装置等。矿用水泵按其应用场所可分为竖井排水泵、斜井排水泵，按其流量和扬程可分为小流量低扬程、小流量高扬程、大流量低扬程和大流量高扬程水泵，按其工作原理可分为离心泵、潜水泵等，按其用途可分为清水泵、排污泵、渣浆泵等。其中大型矿用潜水泵功率大、扬程高、流量大、安装快捷方便、无须水下作业、不怕水淹，广泛应用于矿山排水救援。

7. 钻进与支护设备

钻进与支护设备是在巷道被毁、通道堵塞的情况下，用于打通安全通道，抢救被困人员最为有效的设备。

救灾钻机分为地面大型救生钻机和井下轻型救生钻机。一般采用地面或井下近水平定向钻井技术，通过钻孔向被困人员提供空气、食物，再扩孔将人救出，这是实施快速有效救援的途径之一。在透水事故发生后，还可以利用钻机打钻孔，起到排水和与井下沟通的作用。

在进行救援时，可使用井下生产用掘进机、装岩机等对封堵的巷道进行掘进，但清淤、掘进速度较为缓慢。

事故现场必需的常用应急设备与工具有：

（1）消防设备。输水装置、软管、喷头、自用呼吸器、便携式灭火器等。

（2）危险物质泄漏控制设备。泄漏控制工具、探测设备、封堵设备、解除封堵设备等。

（3）个人防护设备。安全帽、防护服、手套、靴子、呼吸保护装置等。

(4) 通信联络设备。对讲机、移动电话、电话、传真机、电报等。

(5) 医疗支持设备。救护车、担架、夹板、氧气、急救箱等。

(6) 其他设备。发电机、局扇、风镐、千斤顶、切割机、电焊机等。

(7) 其他材料。铁丝、风筒、风管、绳索、铁锹、老虎钳、斧子、钉子、编织袋等。

(8) 资料。计算机及有关数据库和软件包、参考书、工艺文件、行动计划、现场地图、有关图表、材料清单等。

第六节　事故现场急救

大量事实证明，发生灾害事故后，矿工依靠自己的智慧和力量积极、正确地采取自救、互救措施，是最大限度减少事故损失的重要措施。因此，每个矿工必须根据本人工作环境的特点，学习掌握常见灾害事故的规律，了解事故发生前的预兆，牢记各种事故的避灾要点，努力提高自我保护意识和抗灾能力。

一、被矿井水灾围困时的避难自救措施

(1) 当现场人员被涌水围困无法退出时，应迅速进入预先筑好的避难硐室中避灾，或选择合适地点快速构筑临时避难硐室避灾。进入避难硐室前，应在硐室外留设明显标志。当井下人员发现撤离通路已经被透水隔断，就要迅速寻找位置最高、离井筒或大巷最近的地点，暂时躲避，等待救援。

（2）在避灾期间，遇险矿工要有良好的精神心理状态，情绪安定、自信乐观、意志坚强。要做好长时间避灾的准备，除轮流担任岗哨观察水情的人员外，其余人员均应静卧，以减少体力和空气消耗。

（3）避灾时，应尽快通过各种途径向井下、井上指挥机关报告。如应用敲击的方法有规律、间断地发出呼救信号。

（4）被困期间断绝食物后，即使在饥饿难忍的情况下，也应努力克制自己，绝不嚼食杂物充饥。需要饮用井下水时，应选择适宜的水源，并用纱布或衣服过滤。

（5）长时间被困在井下，发觉救护人员来营救时，避灾人员不可过度兴奋和慌乱。得救后，不可吃硬质和过量的食物，要避开强烈的光线，以防发生意外。

二、冒顶事故避难自救措施

（1）遇险人员要正视已发生的灾害，切忌惊慌失措。应迅速组织起来，主动听从灾区中班组长和有经验老工人的指挥，团结协作，尽量减少体力和隔堵区的氧气消耗，有计划地使用饮水、食物和矿灯等，做好较长时间避灾的准备。

（2）如人员被困地点有电话，应立即用电话汇报灾情、遇险人数和计划采取的避灾自救措施。否则，应采用敲击钢轨、管道和岩石等方法，发出有规律的呼救信号。

（3）维护加固冒落地点和人员躲避处的支架，并经常派人检查，以防止冒顶进一步扩大，保障被堵人员避灾时的安全。

（4）如人员被困地点有压风管，应打开压风管给被困人员输送新鲜空气，但要注意保暖。

（5）采场冒顶遇险时要到木垛处避灾。

三、井下火灾时的避难自救措施

任何人发现井下火灾时，都应根据火灾性质、灾区通风和瓦斯情况，立即采取一切可能的方法直接灭火，控制火势，并迅速报告矿调度室。在现场的区、队、班组长应依照矿井灾害预防和处理计划的规定，将所有可能受火灾威胁地区的人员撤离危险区域，并组织人员利用现场的一切工具和器材进行灭火。电气设备着火时，应首先切断其电源。在电源切断前，只准使用不导电的灭火器材进行灭火。

如果火灾范围大或火势猛，则应在撤出灾区人员、保证自身安全的前提下，采取稳定风流，控制火势发展，防止人员中毒的措施，并随时保持和地面指挥部的联系，根据指挥部的命令行事。如果现场人员无力抢救，同时人身安全受到威胁，或是其他地区发生火灾，在接到撤退命令时，就要立即进行自救和组织避灾。

（1）巷道着火后，位于火源里侧的人员，应尽一切可能穿过火源撤至火源外侧，然后再根据实际情况确定灭火或撤退方法。

（2）人员被火灾堵截无法撤退到火源外侧时，应在保证安全的前提下，迅速拆除引燃的风筒，撤除部分木支架（在不至于引起冒顶的情况下）及可燃物，切断火灾向人员所在地点蔓延的通路。然后，迅速构筑临时避难硐室，并严加封堵，防止有害烟气侵入。若巷道内有压风管道，可放压缩空气以避灾自救。若有输水管道，可放水来改善避灾条件。用水控制火势，阻止火灾向人员避灾地点蔓延，应特别注意水蒸气或巷道冒顶给避灾人员带来的危害。

（3）如果其他地区着火使独头掘进巷道的巷口被火烟封堵，人员无法撤离时，应立即用风障等将巷口封闭，并建立临时避难硐室。若火烟通过局部通风机被压入巷道时，则应立即将风筒拆除。

（4）一般不应在无供风条件的烟雾巷道中停留避灾或建立临时避难硐室，应佩戴自救器，迅速撤离有烟雾的巷道。在自救器使用超过有效防护时间或无自救器时，应将毛巾润湿后堵住嘴鼻并寻找供风地点，然后打开巷道中压风管路阀门，或者是对着有风（必须是新鲜无害的）的风筒呼吸。

（5）一般不要逆烟撤退。但只有逆烟撤退才有争取生存的希望时，才可以采用这种撤退方法。

（6）在烟雾大、视线不清的情况下，应摸着巷道壁前进，以免错过通往新鲜风流的连通出口。烟雾不大时，也不要直立奔跑，应尽量躬身弯腰，低着头快速前进；烟雾大时，应贴着巷道底和巷壁，摸着铁道或管道等快速爬行撤退。

四、气体中毒及窒息的急救

（1）进入有毒有害气体场所进行救护的人员一定要佩戴可靠的呼吸防护装备，以防救护者中毒窒息使事故扩大。

（2）立即将中毒者抬离中毒环境，转移到支护完好的巷道的新鲜风流中，取平卧位。

（3）迅速将中毒者口鼻内妨碍呼吸的黏液、血块、泥土及碎矿等除去。使伤员仰头抬颌，解除舌下坠，使呼吸道通畅。

（4）解开伤员的上衣与腰带，脱掉鞋子，但要注意保暖。

（5）立即检查中毒人员的呼吸、心跳、脉搏和瞳孔情况。

（6）由一氧化碳、二氧化碳、甲烷引起的化学性窒息或呼吸停止，可采用人工呼吸进行抢救，有条件时可给予吸氧。由氨气、二氧化硫、氯气、氯化氢、二氧化氮等有毒气体引起呼吸道水肿等导致机械性窒息一般不采用人工呼吸抢救，特别是压胸式呼吸法，而是采用吸纯氧、减轻呼吸道水肿、强心、利尿、注射呼吸道中枢兴奋剂等方法急救。

(7) 心脏停止跳动者，立即进行胸外心脏按压。

(8) 呼吸恢复正常后，用担架将中毒者送往医院治疗。

五、触电急救

(1) 立即切断电源，或以绝缘物将电源移开，使伤员迅速脱离电源，绝不可盲目以人体或导电物抢救而致使救护者也遭触电危险。

(2) 将伤员迅速移至通风安全处，解开衣扣、裤带，检查有无呼吸、心跳。若呼吸、心跳停止时，应立即进行心脏按压和口对口人工呼吸术以及输氧等抢救措施。

(3) 抢救同时可针刺或指掐人中、合谷、内关、十宣等穴，以促其苏醒。

(4) 轻型伤员可给予保暖，对烧伤、出血及骨折等症，应给予及时的包扎、止血及骨折固定。

(5) 病情稳定后，迅速转运出井至医院进行综合治疗。

六、烧伤急救

(1) 使伤员尽快脱离火（热）源，缩短烧伤时间。

(2) 查心跳、呼吸情况，确定是否合并有其他外伤和有害气体中毒以及其他合并症状。对爆炸冲击烧伤人员，应检查有无颅胸损伤、胸腹腔内脏损伤和呼吸道灼伤。

(3) 防休克、防窒息、防创面感染。

(4) 迅速脱去伤员被烧的衣服、鞋及袜等，为节省时间和减少对创面的损伤，可用剪刀剪开。不要清理创面，避免其感染。

(5) 迅速离开现场，立即把严重烧伤人员送往医院。注意搬运时动作要轻柔，行进要平稳，随时观察伤情。

七、溺水急救

（1）立即将溺水人员运到空气新鲜又温暖的地点控水。

（2）控水时救护者左腿跪下，把溺水者腹部放在其右侧腿上，头部向下，用手压背，使水从溺水者的鼻孔和口腔流出。或将溺水者仰卧，救护者双手叠置于溺水者的肚脐上方，向前向下挤压数次，迫使其腹腔容积减少，水从口腔、鼻孔喷出。

（3）水排出后，进行人工呼吸或胸外心脏按压等心肺复苏，有条件时用苏生器苏生。

八、创伤急救

事故发生后的几分钟、十几分钟，是抢救危重伤员最重要的时刻，医学上称之为“救命的黄金时刻”。在此时间内，抢救及时、正确，生命有可能被挽救；反之，生命丧失或病情加重。在事故现场，第一目击者对伤员实施有效的初步紧急救护措施，为医院救治创造条件，能最大限度地挽救伤员的生命或减轻伤残。

1. 正确的救护体位

对于意识不清者，取仰卧位或侧卧位，便于复苏操作，在可能的情况下，翻转为仰卧位（心肺复苏体位）时应放在坚硬的平面上。

若伤员没有意识但有呼吸和脉搏，为了防止呼吸道被舌后坠或唾液及呕吐物阻塞引起窒息，对伤员应采用侧卧位（复原卧式位），唾液等容易从口中引流。体位应保持稳定，易于伤员翻转其他体位，保持利于观察和通畅的气道；超过 30 min，翻转伤员到另一侧。

注意不要随意移动伤员，以免造成伤害。如不要用力拖动、拉起伤员，不要搬动和摇动已确定有头部或颈部外伤者等。有颈部外伤者在翻身时，为防止颈椎再次损伤引起截瘫，另一人应保持伤员头、颈部与身体同一轴线翻转，做好头、颈部的固定。

2. 打开气道

伤员呼吸心跳停止后，全身肌肉松弛，口腔内的舌肌也松弛下坠而阻塞呼吸道。采用开放气道的方法，可使阻塞呼吸道的舌根上提，使呼吸道畅通。用最短的时间，先将伤员衣领口、领带、围巾等解开，戴上手套迅速清除伤员口鼻内的污泥、土块、痰、呕吐物等异物，以利于呼吸道畅通，再将气道打开。

3. 创伤止血包扎技术

在各种突发创伤中，常有外伤大出血的紧张场面。出血是创伤的突出表现，因此，止血是创伤现场救护的基本任务。有效地止血能减少出血，保存有效血容量，防止休克的发生。

（1）包扎止血法。适用于浅表伤口出血，损伤小血管和毛细血管，出血较少的情况。依据就地取材原则，选用洁净的三角巾、手帕、纸巾、清洁布料等包扎止血。

（2）加压包扎止血法。适用于全身各部位的小动脉、静脉、毛细血管出血。用洁净的毛巾、手绢、三角巾等覆盖伤口，加压包扎达到止血目的。

（3）指压止血法。用手指压迫伤口近心端的动脉，阻断动脉血流动，能有效地达到快速止血目的。指压止血法用于出血多的伤口。

（4）加垫屈肢止血法。对于外伤出血量较大，肢体无骨折损伤者，用此法。注意肢体远端的血液循环，每隔 50 min 缓慢松开 3 ~ 5 min，防止肢体坏死。

（5）填塞止血法。对于伤口较深较大，出血多，组织损伤严重的应紧急现场救治。用消毒纱布、敷料（如无，用干净的布料替代）

填塞在伤口内，再用加压包扎法包扎。

（6）止血带止血法。四肢有大血管损伤，或伤口大、出血量多，采用以上止血方法仍不能止血时，方可选用止血带止血的方法。由于现场条件有限，没有专用止血带，可用衣服、布条等短时间代替（每隔50 min，放松3～5 min）。禁忌用钢丝、绳索、电线等当作止血带使用。

4．人工呼吸

人工呼吸法适用于触电休克、溺水、有毒有害气体中毒窒息或外伤窒息等引起的呼吸停止、假死状态者。如果伤员胸廓没有起伏，并且没有气体呼出，伤员即不存在呼吸，应在现场立即实施口对口（口对鼻、口对口鼻）、口对呼吸面罩等人工呼吸救护措施。

（1）施行人工呼吸方法前，先应将伤者运送到安全、通风良好的地点，解开领口，放松腰带，注意保持体温。仰卧时腰背部要垫上软的衣服等，使胸部张开。并应清除口中脏物，把舌头拉出或压住，防止堵住喉咙，妨碍呼吸。

（2）操作前应将伤者仰卧，救护者在其头部的一侧，用手将伤者鼻孔捏住，以免吹气时从鼻孔漏气；自己深吸一口气，紧对着伤者的口将气吹入（最好放两层纱布或手帕再吹），造成吸气；然后，松开捏鼻的手，并用一手压伤者的胸部以帮助呼气。如此有节律均匀地反复进行，每分钟吹14～16次。

5．胸外挤压

救护人员判断伤员已无脉搏搏动，或在危急中不能判明心跳是否停止，脉搏也摸不清时，要在现场进行胸外心脏按压等人工循环及时救护。具体操作方法如下：

（1）先将伤者仰卧在硬板或平地上，头低于心脏水平。

(2) 急救者跪在伤员一侧或骑跨在其腰部两侧，两手相叠，手掌根部放在心窝上方，胸骨下 1/3 至 1/2 处。

(3) 抢救者两上肢肘部挺直，利用上身体重、臂肌肉的力量，有节奏、垂直地向伤者脊柱方向按压，使胸骨下段及其相连接的肋骨下陷 3 ~ 4 cm。

(4) 挤压后手掌根迅速全部放松，让伤者胸部全部复原，但手掌根部不要抬起，放松手的时间和压胸骨的时间应相等。

(5) 按压次数为 80 ~ 100 次/min，必须同时做人工呼吸，并经常检查按压效果。

6. 常用的骨折固定方法

(1) 前臂固定法。选用长度与前臂相当的，宽 6 cm 的小夹板两块，用绷带包好后夹住前臂，用绷带固定四道或缠绕固定，然后用三角巾或绷带将前臂悬吊在胸前。

(2) 肱骨骨折固定法。用两块长度与上臂适宜，宽 6 cm 的小夹板，缠绕上绷带之后，放在上臂内外两侧固定好，然后把前臂屈曲固定在胸前。

(3) 大腿骨折固定法

1) 夹板固定法。用长度从腋下到踝部、宽 12 cm，长度从腹股沟到足底、宽 8 cm 的木板各一块，缠绕绷带后，在踝、膝、髋部加垫，放在伤肢内外两侧，再用双股绷带或三角巾分 5 ~ 7 处固定好。

2) 利用健肢固定法。将伤肢与健肢伸直并拢，在两侧踝关节、小腿中段、膝关节、大腿上段和髋关节处用双股绷带或布条等将两下肢分 5 段扎紧固定。

(4) 小腿骨折固定法

1）利用健肢固定法。固定方式同大腿骨折相似。两下肢并拢，分别在踝、膝、大腿中段以三角巾或绷带固定。

2）夹板固定法。用长 80 cm，宽约 1 cm 的小夹板两块固定，方法与大腿骨折固定相似。

（5）脊柱骨折固定法。对有脊柱骨折的伤员，多用“T”形夹板固定。用长约 75 cm 和长 60 cm，宽 8 cm，厚约 2 cm 的夹板各一块，绑成“T”字形，固定于双肩与脊柱上。

7. 常用的搬运方法

（1）平托法。将担架放在病人的一侧，搬运者 3 ~ 4 人，蹲在病人的另一侧，两手分别托住头部、肩背部、髋臀部、双下肢，然后动作一致地将伤员托起，平放在担架上。

（2）翻滚法。搬运者双手伸入伤员的头部、前胸部、腹部、髋部、膝关节部，然后动作一致地将伤员翻滚在担架上，伤员应仰卧。以上两法适应脊柱骨折、颅脑损伤等重伤员。

（3）颈椎骨折搬运法。一人专门牵引头部，不使头部左右转动，用平托法搬运到担架上，再用专制的小沙袋两只或就地取材用毛巾或衣服折叠成小枕头似的，塞在伤员的颈部两侧，以防止搬运时头部左右摆动造成脊髓损伤。

（4）骨盆骨折搬运法。用两块三角巾对叠四层，在骨盆部做环行包托固定后，再用平托法搬运到担架上。

（5）胸部损伤搬运法。胸部损伤的伤员，均有呼吸困难的症状，搬运时应让伤员上半身靠起，呈端坐位，这样能减轻呼吸困难的症状。在平托搬运时，托头部的人应将伤员的上半身托高搬到担架上，使伤员上半身靠起。

参考文献

1. 王红汉，张学海．金属非金属矿山企业新工人三级安全教育读本（第二版）．北京：中国劳动社会保障出版社，2015

2. 王红汉，熊远喜．安全检查工．北京：气象出版社，2006

3. 李德成．采矿概论．北京：冶金工业出版社，2001

4. 隆泗，刘飞．矿山生产技术与安全管理．成都：西南交通大学出版社，2002

5. 天地大方．非煤矿山安全生产管理与技术．北京：中国工人出版社，2004

6. 国家安全生产监督管理局，国家煤矿安全监察局．矿山职工安全知识读本——金属非金属矿．北京：中国社会科学出版社，2003

7. 本书编委会．金属非金属矿山安全．武汉：湖北科学技术出版社，2003

8. 杨富等．冶金安全生产技术．北京：煤炭工业出版社，2010

9. 全国安全生产教育培训教材编审委员会．金属非金属矿山安全生产管理人员安全资格培训教材．北京：中国矿业大学出版社，2012

10. 刘衍胜等．生产经营单位安全管理人员安全培训教材．北京：气象出版社，2006

11. 李晓飞，薛剑光.《金属非金属矿山安全规程》解读. 武汉：长江出版社，2006

12. 王红汉，李志祥. 尾矿工. 北京：中国劳动社会保障出版社，2007

13. 王红汉等. 尾矿工（复审）. 北京：中国劳动社会保障出版社，2007

14. GB 16423—2006 金属非金属矿山安全规程

15. GB 6722—2003 爆破安全规程

16. AQ 2006—2005 尾矿库安全技术规程